四合院里的北京

高巍——著

中国工人出版社

图书在版编目（CIP）数据

四合院里的北京：彩色插图版 / 高巍著 . —北京：中国工人出版社，2019.7
ISBN 978-7-5008-7233-7

Ⅰ . ①四… Ⅱ . ①高… Ⅲ . ①北京四合院—介绍 Ⅳ . ① K928.71

中国版本图书馆 CIP 数据核字（2019）第 167975 号

四合院里的北京：彩色插图版

出 版 人：王娇萍
责任编辑：李　倩
责任印制：黄　丽
出版发行：中国工人出版社
地　　址：北京市东城区鼓楼外大街 45 号　邮编：100120
网　　址：http: //www.wp-china.com
电　　话：（010）62005043（总编室）（010）62005039（印制管理中心）
（010）62379038（社科文艺分社）
发行热线：（010）62005049（010）62005042（传真）
经　　销：各地书店
印　　刷：天津嘉恒印务有限公司
开　　本：880 毫米 ×1230 毫米　1/24
印　　张：11.75
字　　数：233 千字
版　　次：2019 年 10 月第 1 版　2021 年 10 月第 2 次印刷
定　　价：68.00 元

引言
北京城，那海洋般的四合院群

关于四合院，有人说它是北京的市徽，有人说它是北京文化的精华，有人把它当作中国传统文化的集中体现。尤其是在高楼、公寓代替原有民居，四合院日益式微的今天，四合院的价值究竟何在？它对北京传统文化的形成有什么影响？在现代化建设中，应该怎样取其精华，形成有中国特色的建筑文化，塑造新时代的文化性格……在某种意义上讲，人们对这些问题的认识程度，直接关系到如何弘扬传统四合院文化，为现代化建设服务的大问题。

四合院不仅仅是一种砖瓦建成的、有北京特色的建筑形式。它经过几千年文化的积淀和陶冶，形成了一种奇异而微妙的文化现象，显露出古城悠远凝重的沧桑之感，虽然蒙上了历史的几许尘垢，但它所特有的古都风貌、古都风韵，依然静静地散发着迷人的魅力。直到今天，我们仍然会为前人对于四合院的描写和所拍摄的四合院照片深深地感到一种震撼。也许正是在这个意义上，可以说四合院体现了北京最稳定的文化形态。那些模糊的历史信息，清晰地写在了这些四合院当中。

时光退回到几十年前，如果站在景山顶上的万春亭里放眼四周，一定会望到一片片由大大小小、高高矮矮、横横竖竖，或双脊，或一个大脊带一个小脊的房顶所组成的灰色、宁静的建筑海洋。

《北京的城墙和城门》的作者，瑞典人喜仁龙，在百年前一个清晨来到城墙上俯瞰时，把连绵的屋宇想象成大海的波浪。“当晨雾笼罩着全市，全城就像一片寒冬季节的灰蒙蒙的大海；那波涛起伏的节奏依然可辨，然而运动已经止息——大海中了魔法。莫非这海也被那窒息中国古代文明生命力的寒魔所震慑？这大海能否在古树吐绿绽艳的新的春天里再次融化？生命还会不会带着它的美和欢乐苏醒过来？”

元人诗云：“云开阊阖三千丈，雾暗楼台百万家。”这“百万家”该有多少四合院呢？

灰色波浪无声地证明着北京四合院的广泛存在，其数量可谓是令人惊叹。尽管近年来在拆迁改造中四合院越来越少，但如果从东、西城的高楼上往下望，仍然可以看到一片片的四合院群落。这在二环路以内的城区中，尤其明显。据20世纪50年代的统计，北京共有四合院1700多万平方米，占全市建筑总平方米数的90%以上。这样大规模的四合院建筑面积，除了北京以外恐怕是不多的。

与这种单调、宁静的屋脊所组成的灰色海洋相适，一座座四合院建筑的院墙，同样给人一种极度单调乏味的印象。从这些院子的面前走过，人们通常只能看到高矮、大小不一的屋顶及掩映其间的树梢，房屋的其他部分，则因为有院墙遮挡，几乎看不到。只有进入四合院大门，绕过影壁之后，才可以发现这种住宅特有的美。尽管如此，如果进一步细看，仍然可以从鳞次栉比的户门和院内露出的房顶，猜测出生活在这一座座围墙中的人的政治、财产等级。那阻断行人视线的高墙，强调了家庭与家庭之间的界限，防止他人靠近或观看。高墙是中国人的血缘意识、宗法制度在居室空间结构上的具体表现。

明清以来，这种一门一户的独立院落，一直是北京人居家生活的空间格式。四合院就像一座方城，构筑了一大家人的天地。一系列大大小小、变化无穷的封闭空间，与屋室等级化、四合院的封闭性一起，体现了礼法社会的礼制秩序。

大片的四合院，构成了北京城的独特风貌。

目　录

四合院里的北京

四合院的构成

无论是早期的廊院，还是在明清时期已发展成熟的四合院，都是以院的形式构成建筑组群的。

西长安街（1958 年）

四合院

什么叫四合院?

有人说，这还不简单？四面建房，中间为院子，就是四合院。

严格来讲，这只能算四合房，还不能叫四合院。因为这是农耕文化影响下，人们出于解决农作物一季收获，四季食用的需要，说白了，是为保护的需要而建的。

所以这种四合房在农耕地区广泛存在，并非北京独有。这种房屋设计，更多的是出于生活需要，而非文化需要。

四合院之所以被称为北京的文化名片，主要源于北京作为政治中心和文化中心的特点。这一特点的体现，就是人际交往的礼俗文化占有重要的地位。

那么，这种礼俗的讲究，在四合院布局当中，又是如何体现的?

应该说，四合院所体现的礼俗文化是十分具体和丰富的，包括规模、院门、影背、色彩、用料、图案样式、有无花园。而就四合院与四合房的区别而言，其实说起来也简单，就是是否在四合房中建有垂花门，或者分出里外院。

讲究的四合院，一定会分出里外院，里院称内宅，外人非请勿入。而外院用来待客，或是用作私塾、茅房（厕所）。家中的女眷一般仅限于内宅活动，少有迈出，由此来体现内外有别的礼俗文化。

同时，位于二门的垂花门建造的也比大门（院门）要讲究许多，往往雕刻精美，彩绘华丽。而院门则相对素朴，以体现收敛不露富的传统。

四合院的规模有大有小，小的两进，大的四五进，甚至带跨院花园。但因分出了里外院，所以与四合房形成本质的不同，成为封建社会等级制度、社交礼俗最生动的载体。

当然，作为一种文化的载体，四合院在北京的形成也是有个过程的。简单来说，它形成于明清两朝，元代以前，是其产生发展的初级阶段。而清末民初则是四合院发生变异的时期。

1949 年以后，这种变异尤其巨大，甚至被全盘否定。近些年，传统四合院重获重视，但是也并非简单的回归，而是发生明显的变化，这种变化往往是颠覆性的。

细究变化的根由，无不以文化观念的变迁为至关重要的因素。

任何一种文化，都必须在不断变化当中来适应新的需要，从而保持其生命的活力。

因此，本书的意义不仅仅在于怀旧，而是将四合院置于文化背景中进行考察，以便更好地明晰它的概念、本质、沿革和特点，明晰它与生活的广泛、丰富的联系，揭示其所体现的天人合一理念，人际和谐的诉求，以及由此带给人们的美感享受和惬意生活。以此作为四合院文化今后更好发展的起点和动力源泉。

四合院的特点

四合院具有哪些特点？总结归纳已有的研究成果，可见到以下几个方面：

一是平面展开，体现四合院整体的气势和内部的有机联系，而不追求单体建筑的雄伟、高大。有清一代，甚至不允许一般人家在四合院中起二层，违者会遭惩罚。所以，当年站在东直门城墙，能一眼望见西直门，甚至西山。

二是形成对外封闭、内部开放、自成格局的生活空间。四合院一般是以院门为界，分出里外，严禁别人随意进入内宅。进大门后的影壁、大门开在东南角都能增强院内视觉上的遮挡，从而有利于保证内院生活的隐秘性。但在院内各院落，房间之间却很少设置阻挡，往来方便，特别是利于家长对子女和仆人的监督管理，维护一家之主的权威。

三是中轴贯穿，左右对称所体现的一统性和稳定感。在四合院中，无论有几进，都必须以中间正位的上房为中心，左右对称和呼应。就连正房也必须是单数（如三、五、七间），以便确定中心。七间正房也并非各间一样大而是中间三或五间同大，左右各一或二略小，称为耳房，以此来体现等级和对称。

四是主次分明，等级严格的观念。北京是几朝的都城，又是全国的文化中心。与当代的平等观念相反，专政、等级是中国封建文化的重要特征。封建等级观念在建筑方面的体现，主要反映在建筑的规模、式样和局部安排等几方面。

房屋的式样　一般分为皇宫、富绅和民居三等，皇宫的房屋式样等级最高，为外朝内寝式建筑。外就是前半部，内就是后半部。然后是官僚大臣、富商、士绅等有钱有势阶层，他们的住宅虽然不能像皇宫那样，使用琉璃瓦饰顶，但房山可用排山沟滴，这又是比一般百姓住宅要强的地方。一般民居、店肆只能是小门楼、鞍子脊，顶多是清水脊。

房屋基座 皇家建筑高数叠，玉砌勾栏。紫禁城前朝三大殿的基座共分三层，高达八米。除了皇宫，其他阶层所使用的建筑，无论大式、小式，其基座都以素土、灰土夯实，四角及上沿包砖砌成。

台阶 最高一等的皇宫或庙宇，其台阶为三阶或两阶并列加御路；次一等用于殿堂庙阁者，台阶旁有石雕护栏和抱鼓石；再次一等，为台阶两旁带斜面垂带，用于一般房屋或穿廊通道的入口处；末一等的是如意台阶，位于次要房屋或主要房屋的次要入口处。这是台阶中的最低一等，但并不等于说就是老百姓用的。它仅是相对于上面三等而言。事实上，很少有普通百姓家的住房能有三面台阶的。而能有三面台阶者，必须像太庙大殿或旁殿那样，高且大，或一溜很长的建筑。

开间 这方面的规定较细，分为皇宫、亲王、公侯、品官、百姓等级别。皇宫为九开间，五进深，以体现“九五”之尊。大者甚至达十一开间，像太和殿、太庙大殿，就是十一开间。亲王府规定正门五间、正殿（银安殿）七间，后殿五间，寝室两座，各五间。明朝规定，公侯府一级宅第，前厅、中堂、后堂各七间，大门三间；一二品官至五品官，厅堂也七间，正门一间；百姓住居，无论一家有十所、二十所不限，正房也只能是三间。

屋顶 最高等级为重檐庑殿顶，当然用于皇宫。最普遍的是悬山（两端山墙屋顶挑出）和硬山卷棚（硬山为两端山墙与屋顶平直，或作排山沟滴卷棚，两面为弧形，无正脊，与硬山屋顶合用）屋顶，官府、民宅都用。

瓦件 分筒瓦和仰瓦。而筒瓦又分青瓦和琉璃瓦。后者仅用于皇宫和少量王府。另外，皇宫、王府的建筑屋顶上还有数量不等的吻兽、走兽，一般人家，包括品级低的官邸四合院建筑，均无此饰品。

斗拱 构成挑檐的特有木质构件，一般民宅禁用。

彩画 “和玺彩画”用于皇宫建筑，像天安门。不过，“文革”时，天安门城楼的彩画改成了向日葵，20世纪80年代中期才改回来。一般人家的彩绘为苏式，后发展为“京式苏画”。比它高一等的是“旋子彩画”，应用范围较广。在四合院建筑当中，有彩画的地方，一般为外露的木质构件，像檩、垫板、枋等。彩画位于这些构件的核心位置，画一很大的“画心儿”，题材包括山水、人物、花鸟。“画心儿”外做每层曲线退晕处理，由里向外渐淡。

在清代，朝廷专门发过上谕，禁止在内城建楼房。当初是为了防止在皇上外出时，楼上人外望，位置比皇上高，为失礼之举。所以，繁华地带多为平房。后来，繁华地区愈加繁华，但地皮有限，不能平面发展。为此，作为特批，允许商号建两层楼房，但上一层之层高不能超过三尺。这样的二层，实在难算是楼，顶多算阁楼。上面只可堆存箱笼等物，或人睡卧而已，根本无法办公或开买卖。光绪甲午年间，西城西安门北经西直门至关厢，街面上的铺户允许建楼，可那是为庆祝慈禧的生日而建的应景之作，严禁其他街道效仿。直到庚子年以后，禁令才逐渐松动，允许前门外的商家之楼稍有增高，而城里还是不行。可有一样，洋人的事管不了，纵然是在宫苑或王府附近，外国使馆、商店及京汉铁路公司等，都建有两三层的楼房。

东城东黄城根南街32号，就是因违反规制，而被没收充公的宅院。当初，宅院的主人是内务府大臣俊启，人称“俊八爷”，曾做粤海关监督，赚了不少钱，回京后盖了这座宅院。这座宅院盖得讲究，有亭台楼阁、月牙河。此外，还在花园内的假山上建了一座小楼。登上小楼 ，凭栏远眺，在那一片平房的年代，自然是周围景色顿收眼底，令人羡慕，但也因此遭嫉。李莲英见俊八爷有钱，就一而再再而三地来借钱，把俊八爷逼急了，拒绝了他。可巧，慈禧太后正想给自己的弟弟建一所宽敞点的宅子。李莲英闻听，就推荐了俊八爷的宅院。可慈禧觉得平白无故不好张嘴。李莲英就说俊宅内的假山上有一座小楼，很高，可窥皇宫。俊八爷遭李莲英陷害，很快就气死了。死后不久，此宅即被抄没，随即归了桂祥（慈禧之弟）。假山上的小楼至今仍存。

五是虚实结合，建筑与植物保持适当比例，从而带给居住者活动、享受自然的空间。院中地面往往是十字甬道，以便各屋间往来。由此分出四处土地，以供种花种树，绿化环境。而十字交叉处或竖山石，或摆鱼缸，作为进入二门后的视觉遮挡，或增加院内的生命活力。

除此之外，四合院的优势还有很多，但主要特点也就是上面五个方面，还有一点，就是二门的设立，也是四合院的重要特点。

四合院的基本形式

四合院的形式是多种多样的。在清代，中等商人、作坊主、小官僚、中小地主的住宅，采用四合院、三合院的形式；城市贫民、小商贩和小手工业者、雇工等，往往住在很多家凑在一起的大杂院当中。真正住得起标准四合院（或叫中四合院），乃至更大四合院者，自然是有身份的人物。

具体来说，北京四合院的种类包括：小四合院、中四合院、大四合院、变体四合院、三合院、大杂院等。

小四合院　依照朱家溍先生的观点，小四合院根本不能算四合院，只能叫“四合房”。它与四合院的最大区别就是没有二门，而且，四合房后面也没有后罩房和游廊。总之，就是光秃秃的东西南北房。那种有二门，依此区分里、外院，把里院的东、西和北房与外院的南房隔开的院子形式，才能叫四合院。而四合房呢，也许有影壁、有屏门，可进了屏门以后，整个院子就一览无余，无里外院之分。只有身份不够的人才住这种房。因为无法区别主、客，主、仆，没那么讲究，进而在“礼”上不够精细。

可这并不妨碍住在里面的人家的舒适、平和。一般小四合院只具备北房三间，东、西厢房各两间或三间，南房两间或三间。院中有长条砖墁地，铺成十字甬路，无游廊或垂花门，房间数量不多，院落也不太大。但是一家子两三辈人住在里面，独门独院，自成体系，过着平平常常，却又平平安安的日子。正像他们在屏门上写的那样：“四季平安”“知足常乐”。

中四合院　也就是前面说的“标准四合院”，这样一座标准的四合院，院子面积大约有 100 平方米，包括连大带小共有 6 个院子（包括外、里院，四角的四个小院）。房间依两柱一檩的自然间计，共有 17 间。其中，大门、二门虽也是自然间，但不能住人。所以，实际上有 15 间。房间总面积超过 200 平方米。

这样的院子一般位于街道的北面，坐北朝南，临街五大间，开间每间一丈。从大门进来，迎面是磨砖的影壁墙，紧贴着东屋的南山墙。在影壁的前面，往左拐，是一个圆形月亮门，或四个并排的小门。进来是三间南房。对着东边月亮门，西边也有一个月亮门，里头是一个一丈见方的小院，院内是南屋最西头的一间。正对南屋门，是通向里院的垂花门，垂花门左右两边，直到两边的月亮门，是一溜墙，它把一宅分为两个院，隔开了

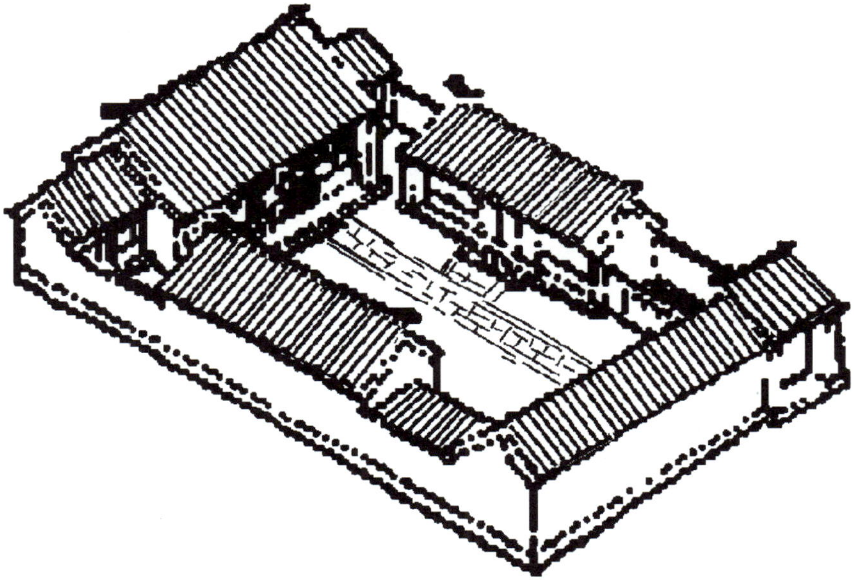

小四合院的基本形式

外院的南屋和里院的北、东、西房，外面为一丈多宽，约三丈长的院落。

进垂花门后还望不见里院，因为有木板屏风门挡着视线，一般是由东西两边，或只是东边一边出入。这屏风门只有在过年或迎接贵宾时开放。里院是正方形，垂花门的门楼占去里院南面正中心的位置，其余地方，有北面正房三间，东西厢房各三间。垂花门与东、西厢房、正房之间，为曲尺形廊子，称“钻山游廊”。正房东、西两侧各有一间耳房，耳房前各有一座一丈见方的小院。两间耳房与三间正房比起来，显得小了许多，这就是习惯上说的“三正两耳”。东、西厢房与分院矮墙（或游廊）之间也有耳房，但不这么叫，而叫“盝顶”。“盝”字的含义是盒子，可见其面积之小。它一般是仆人住的下房或厕所。东边的一间盝顶做厨房。

够上这样的规模，才能由“院”升到“宅”，属于北京人常说的“宅子”。实际上，在这一规模上的四合院样式也很多。比如，有的四合院带有小型花园，在前院或外院有车库或轿房，设有专门的门房，等等。住这样房子的人家，自然算是上档次的，雇佣很多仆人。人们提到四合院时常说的有“天棚、鱼缸、石榴树”的就指的是这类人家。

东城区交道口后圆恩寺胡同13号这座四合院，有二十几间平房。进大门迎面影壁上镶着邓颖超同志题的“茅盾故居”横匾。前院北房三间，东西厢房各三间，倒座六间；西厢房原是茅盾的会客室和藏书室，东厢房为饭厅，其余为家属和服务人员住房。从正房东侧的一狭窄通道过去，即通到后院，后院有六间北房，两间西厢房，正房前东西两边种着两棵太平花，北房原来是茅盾的工作室和卧室。

后院正房室内完全按茅盾生前样子陈列：进门一间是起居室，北墙是一排书橱，里面的书籍亦是按原样保存的。书橱前是一对单人沙发，室内东侧临窗有一张大写字台，这就是茅盾的工作台，起居室东有门可通卧室，这也是他晚年读书、写作的地方。卧室布置得很简单：正中横放一张小床，床左侧案几上堆放着写作回忆录备查的旧时期刊剪报资料和晚年经常阅读的书籍。卧室里的衣橱、七斗柜都是过去的旧物。

当然，分开里外院的不一定都是垂花门。有的就是一个月亮门，但为了阻隔视线，对着月亮门是一个木头影壁，就像护国寺街梅兰芳故居院中的一样。这就分出了内、外宅，男宾非请莫入，女眷不轻易外出。

在两进院子后头，再建一排后罩房，这就成了三进的四合院，还算中四合院。有的后罩房比正房还高，这不是为体现身份，而是为了阻挡冬天到来的西北风。房子高，地基也高。于是，有的人家在后罩房下还建了地下屋，作为堆放杂物之用，既充分利用空间，又显得干净利落。东四四条某宅，把后罩房西头的一间改成了车库，这是比较少见的。后罩房最合乎格局的安排，分为三组，中部三开间，左右各两间，对称开门窗。像东四二条的某宅就是这样。

那么，怎么从第二进院子进入第三进院子呢？通常的做法是，在东耳房处腾出一间来做过厅。有的是腾半间，或从东耳房外边的甬道进去。东城史家胡同51号院章士钊故居就是这样的格局。所不同的是，章老觉得一家人住这儿，房子太多住不满，于是将第三进分了出去，只住前面两进。后面一进借给了全国妇联做宾馆，在过厅前，东西横向砌了一道带月亮门的砖墙。

在东打磨厂新开路20号，原为同仁堂乐家的私人宅院，建于民国年间，是北京的一座典型小四合院住宅。院坐北朝南，南北长34米，东西宽25.5米，占地面积约867平方米，院内建筑布局严谨。正房面阔三间，进深二间，面积约80平方米，南房三间，东西配房各三间。

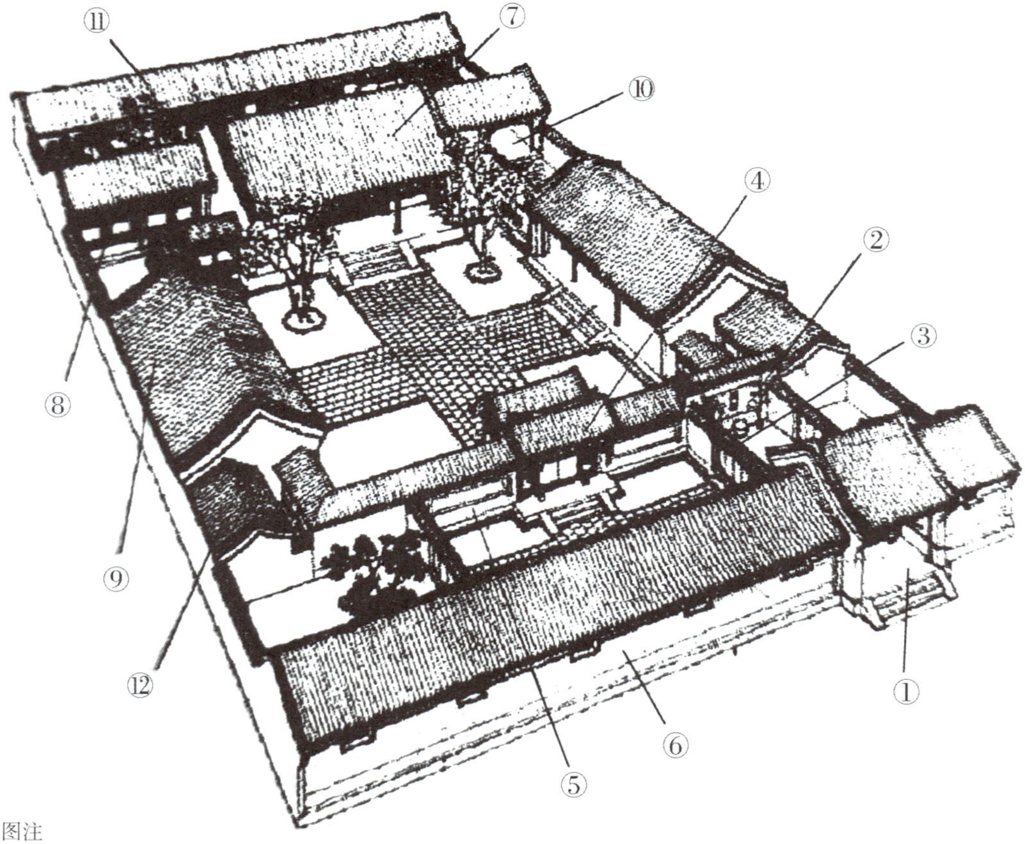

图注

1. 大门　2. 影壁　3. 屏门　4. 二门（垂花门）　5. 廊
6. 倒座房　7. 正房　8. 耳房　9. 厢房　10. 过厅
11. 后罩房　12. 盝顶（比厢房稍小一些）

三进四合院示意图

所有建筑均为前出廊，青石台基，房前有垂带踏步，房屋建造考究，墙为青砖砌筑，磨砖对缝，廊间山墙下辟有券形门洞，可供通行，券门上雕刻精美的砖雕图案，体现了建筑工匠的高超技艺。

屋顶均为硬山合瓦顶箍头脊，带排山沟滴，屋檐下有飞椽檐椽，飞椽头部嵌有珐琅质万字纹饰件，檐椽头部嵌有珐琅质寿字纹饰件，光亮醒目，为宅院增色不少。

正房的窗框上雕刻有精美的元宝纹饰，东西配房的窗框上雕刻有蝠云纹和“福”字、“寿”字及“福自天来”等文字装饰构件，做工精细，造型各异，别具一格。这些精美的雕饰和珐琅饰件，在一般民宅中是不多见的。

北房和南房的东西两侧各带有一间耳房，并各自形成一个单独的小跨院，幽静别致，称得上为院中之院。院内所有房屋全部用角廊相连，使正房和配房有机地连成一体。

宅院由房屋垣墙包绕，院中空间很大，方砖墁地，院内栽植有各种花木，院墙西北开有一座方形角门，以供出入。宅院虽然不大，但建筑讲究，布局小巧玲珑，具有很强的代表性，是北京小型四合院中的佼佼者。该宅院保存完整。

一般人家的正房都是三间。五间、七间的都是地位极高的人家。像皇宫，可能有九间甚至十一间呢。可如果地方窄仄，不够盖连大带小五间的地方，那怎么办呢？要知道，四合院的正房比三间多可以，但必须是单数，否则就是“四六不成材”。可地面只够盖四间的，那就得单打主意。那就是，在四间房的地界上仍然盖三间标准的正房，但两边的耳房改成各半间，从正面看，北房还是三正两耳，共五间。尽管这种布局费工费料，但满足了房主的住房要求，算是一种没办法的办法，俗话称“四破五”。

有的中四合院还设有跨院，即四合院旁边的简单小院，一般都不是主要房屋，用途多种多样。像东城贡院胡同西街某宅，在第一进院子的东端设一跨院，内有一排朝西的群房。

大四合院 所谓大四合院，不仅仅是说四合院的院子大，宽敞，更主要是指规模大。扩大规模，办法有二，一是往纵向发展，一进一进的，四五进，甚至更多。然而，这种四合院在现实中存在不多；二是往横向发展，一个一个的四合院并排着，内里又互相连着。具体来说，又可分为两种办法。

一种办法，是指正房不止三间，而是五间、七间，甚至九间（包括耳房），南屋也是这样。另一种办法，主要是增加院落：前、后院之外，还有偏院、跨院、书房院、围房院、马号等。柳存仁的长篇小说《大都》中，对书房院有描写。它在四合院西侧的花园当中，前面是各种树木花草，环境幽静、清新，与中轴线上的几进院落互相分隔，又紧密相连，满足了读书求静的特殊需求。

府学胡同36号是一组建筑宏伟、占地广阔的建筑群。

东宅院，原大门三间西向，中启大门，门外左右列上马石。门内原有同门房组成的四合外院，现存东房五间，北房三间，北房则为通内院的穿堂门。

内院又可分为坐北朝南并列的三组院落：中路最前列是面阔五间的过厅，后为以垂花门为首的内宅，有上房三间两耳，东西配房和后罩房，此组位于正中，当初应为其主院。正院前庭两侧，原均有配廊，以通东、西二院。自配廊罩门进西院，有北房一列，穿堂而过，亦是以垂花门为首的内宅，有正堂五间，附以耳房，东西两厢各三间，均以廊相连，最后又有后罩房，一列九间。此组房屋高大雄伟，院落明敞广阔，均超过主院。自前庭配廊通东院，属于花园部分，虽已难窥旧貌，也可判知当初游廊、敞厅、小山、叠石布置妥帖，花木葱茏，环境清幽。此中又设小院和正院通连，自垂花门以内之厅堂，当为书斋、静室之属。

西宅院即路北的宅院，坐北向南，临街为倒座房一列，其东部原为大门三间，中启门，进大门迎面有砖砌照壁，照壁西侧为垂花门，内为前后两层的三合房，最后为后罩房，前后均有廊贯通。此院路北大门封闭后，又于宅的西南隅，辟门西向通西跨院，于垣墙再设门，临南北走向的交道口南大街。

两组宅院，均属清末兵部尚书志和所有。

西四北三条 11 号是一座中型的有小花园的四合院。西边是坐北朝南的四合院住宅，东边是小花园。

在南北纵轴线上依次排列四进院落。大门是一座广亮大门。进垂花门是二进院，有北房和东西厢房。三进院和二进院格局一样，最后是后罩房。

东院是小花园，花园的东墙前建有假山，上有爬山游廊，廊前有亭，因其曲折，使景观增色，爬山游廊前是一座太湖石假山，北面、南面、西面建有花厅。

垂花门和走廊施彩绘，大门、影壁砖面加雕饰，室内用各种形式的落地罩划分空间，上装纸顶棚。

听说和珅被抄家时，他家的四合院一路下去竟有十三层之多，以每院进深十丈计，约合一百三十丈，单是正院笔直进去，就有四五百米。现在的恭王府，只是和珅住宅的一部分。北京大宅门、大四合院之宏丽复杂，由此可见一斑。

在连续几进的大四合院当中，过道都在东耳房，这在前文已说到。当然也有例外，比如，拿正房做过厅，这要么是按照外地规格造的，要么也是后来改造的。西城西绒线胡同 51 号的霱公府，是现存较完整的贝子级府第，由五进院落组成，现为四川饭店使用，修饰一新。它的各院落间的通道，有几处就是把正房（或正厅）掏成过厅的。这种情况在过去也有。这样一来，第二进院子为主的就不是正房，而是厅房，这进院子与外院一样，可以对外使用。第三进院子的主房则成为正房。

大四合院在北京的代表建筑，多为王府或巨商私宅。后者如西郊民巷 87 号、北新华街 112 号四合院。此两院为 1915 年北京双合盛啤酒厂创办人的住宅，前者是住宅，后者是花园，现有面积 3286 平方米，花园占绝大部分。仅从此宅的占地面积，就可见其规模之大。院内的太湖石和石刻、石雕，多为圆明园遗物。

东城区鼓楼南帽儿胡同 35 号、37 号的旧宅院，原为清末代皇帝溥仪之皇后婉容婚前的住所。原只是较普通的住宅，分为东、西两路。不过婉容被册封为“皇后”以后，为使大婚时迎奉皇后的凤舆能进出方便，必须将府门及前院扩大。

改建后的府门为三间筒瓦卷棚顶，中间大门有铜镀金门环，左右两间坎墙雕菱花隔扇窗各四扇，门内有一字形影壁，左右各四扇屏门。进西屏门，即进入西路院子，共四进院落：倒座房七间，北为两卷垂花门，带抄手廊，东西各有屏门通往两边跨院。第二进院，北为三间过厅，左右各带一间耳房。厅后为一狭长院，正中有一座绿漆贴金团寿字木影壁。第三进院为上房院，院内南墙为绿漆贴金板墙，下有砖砌须弥座，中间是悬山顶木屏门。正房五间，左右各带一间耳房，前出廊，后出厦。

室内为井口天花，明间有一缕雕凤绕牡丹的落地花罩，极精细，似为宫中旧物。西次间有一嵌着七面椭圆形玻璃镜的板墙，西稍间北墙镶有一整面墙大的水银砖镜。东次间、东稍间还有碧纱橱。院内东西厢房各三间，皆为硬山合瓦清水脊，前面均有走廊。

从东耳房外过道可进入第四进院，此院内有后罩房七间，平台廊檐，东西平台房各两间。东路为三进院落，进门有一月亮门，过月亮门便是假山石，山石两边为东西厢房各三间，房前有闷头廊一直通到后院。

正房三间，为合瓦清水脊，前带廊，后有抱厦。室内明间北墙上亦镶有与墙大小相等的玻璃砖镜。后院有假山、水池，东有家祠。

大四合院不仅进数多，有跨院，而且往往像上述宅院那样，有属于自家的花园。即使是在住宅部分，院中也点缀山石花木，廊榭亭台，从而形成曲折幽深的意境。可以说，多装饰，是大四合院的显著特点之一。《红楼梦》第三回描写道：“进了垂花门，两边是抄手游廊，当中是穿堂，当地放着一个紫檀架子大理石的大插屏。转过插屏，小小三间厅，厅后面是正房大院，皆雕梁画栋……”接下来又说：“黛玉进入三层仪门，果见正房丽庑游廊，悉皆小巧别致，不似方才那边轩峻壮丽；见院中处处松木山石皆在。”“仪门内大院落，上面五间大正房，两边厢房盝顶耳房钻山，四通八达，轩昂壮丽，比贾母处不同，一条大甬路，直接出大门的。”

四合院到了这个级别，房子本身的装饰也很讲究。墙面绝对是磨砖对缝，所用材料是一水儿的黄松木架，风光双檐，屋里是桐油抹过的方砖墁地，窗明几净。除盝顶、耳房、车房外，都是上下摘的窗户。所谓“上支、下摘”，如今在北海公园北岸的快雪堂庭院中还能见到。上边的，是糊着高丽纸的窗户，外边的一扇，可以用两根细铁棍儿支起来。夏天，里面的那扇窗户，换上冷布，以通风；到了冬天，外面的那一扇落下来挡风避寒。下边的窗户，是整扇儿的大玻璃。外面另有一扇“护窗板”，晚上把它挂上，早晨摘下来，有点像窗帘。

大四合院的最高形式，要算王府了。它与其他四合院的区别，首先在于大。其次是府内建有供王爷执行政务所用的和特准建造的建筑。如正殿（银安殿）、后殿、翼楼、后楼等。这些建筑均有特定的形制，不可逾矩。而且，王府都有花园。至于王府中的居住房，与一般大住宅的平面组合并无显著差别。

变体四合院 四合院在几千年的发展变化当中，在格局、规模、装饰等方面逐渐形成制度，到了清朝中后期，这种规制已基本完善，并体现在具体建筑当中。到了民国

礼亲王府大门

礼王府

涛贝勒府

年间，由于封建统治被推翻，西洋之风不断吹来，四合院建筑也出现了多姿多彩的新形式。

东城北总胡同2号，院落很大，坐北朝南，大门三间，为重檐牌楼门。门南部为一个四角攒尖方亭。院内房屋不甚多，院中间的一所大房子，为中西合璧式，很大，中间为庑殿顶，四角又为四角攒尖顶，灰筒瓦。正房建在五级水泥台基上，显得很高，呈工字形，前有类似中式建筑的月台。院中还散落着些石狮、石观音像等，院内花草树木很多，有海棠树、苹果树、槐树等，院子显得很幽静。

这原是用建协和医院的余料盖的房，是美国洛克菲勒基金会董事长为其父母盖的。此院后归一日本官僚居住，日本投降后，1946年此处为军调部国民党代表驻地。

此宅后又归国民党第十一战区司令长官孙连仲居住。新中国成立后收归国有。现院内无大改变，为某单位宿舍。1984年公布为东城区文物保护单位。

变体四合院既然多姿多彩，也就很难说有什么规制，这也为今天的介绍提出了难题。一一介绍，难尽其详，仅举出数例以供读者从中体会。

东城东总布胡同53号院，一个坐北朝南的宅子。大门设在中间，门内是一组圆形水池及假山喷泉，由此代替了传统的垂花门。大门东西各有顺山房三间，前后两进院子，都有回廊相通。前院有正房三间，前有水泥方形廊柱，室内有井口天花。房前左右各一个大鱼缸，各色金鱼戏水其中，配有假山水池，使这宁静的小院平添了几分生气。二进院高大轩昂的五间正房，坐落在高高的花岗岩台基之上。屋顶覆着绿色琉璃瓦，各种小兽俱全。后檐有凉台。这是20世纪30年代的北京铁路局局长陈觉生的住宅，由贪污来的材料盖成，1949年以后为中国作家协会所在地。

与这种随意拆改原有规制不同，位于东城赵堂子胡同3号的朱启钤住宅，则是他运

梁公府，清朝末年改为英国使馆。中路的宫门改成了敞厅，宫门前的石狮子未动

用中国传统建筑营造方法，加上自己家庭的实际需要设计的，具有一定的创造性。此宅占地 3000 平方米，共有 8 个半开敞的院子。与以往的四合院不同，该院以一条贯穿南北的走廊将整个院子分成东西两部分，又将两部分的八个院落组成一个封闭的整体。廊以西的院子多为居住用房，每进院子都是由正房、西厢房和前一院的正房、三面房屋和一面廊子组成，房屋都有廊檐，以游廊相连，再与作为主脉的廊子相连，形成完整的院落。廊的东侧为服务用房和厅房，尤其是第一进院落的厅房很大。第二进院落的房屋特别高，第三进院子房屋有地下室。该院的彩画，全部采用《营造法式》上的要求，由故宫的彩画老工匠绘制。这种设计有新意，同时又未突破四合院原有范围，属于比较成功的创新。

《红楼梦》中大观园的各处建筑，大多也是四合院格局的变体，而非标准形式。这是受江南园林和皇家苑囿的影响，属花厅、别院、离馆形式，均不同于正式宅第的格局。像秋爽斋，前有晓翠堂，后连探春卧室，三间屋子只由碧纱橱分开，前后都有廊子，而且有堂有斋，却没东西房。

东城区史家胡同 51 号院是章士钊新中国成立后在北京的住宅。这本是三进四合院，里院走廊相通，正房三间，前出廊，后带抱厦，左右各有一间耳房，东西厢房各三间，全部为筒瓦。上有一楼阁式书橱，朝天栏杆很完整。从西间里屋一楼梯上去，便可进书橱。这种屋内起阁的形式很独特。

圆明园中的四十景，每一景都是四合院的变体，而不是墨守成规。如“万方安和”景点由万字曲折式房屋组成，“鱼跃鸢飞”是四方四面厅式，“西峰秀色”是三层五间勾连式，“平湖秋月”是五间敞轩式……这些都是对四合院传统标准样式的突破，由此构成了园林建筑的多样性格局。特点是于均衡对称中有变化，如工字形、口字形、田字形、井字形、卐字形，偃月、曲尺诸形等。

在许多四合院中，变体更多地表现在局部而不是整体。例如，大草场胡同某宅的三进四合院，正房前加盖了一座亭子形门厅。在东次间的后部，又扩展出一小间来。还有西观音寺某军阀住宅，其门窗全为新式玻璃窗，室内装修木板地，灰膏平抹的天花板并加石膏线条装饰。宽大的正房廊檐下，设有坐凳栏杆，花纹都是西式的。

四合院被西式改造的例子更多。林语堂的长篇小说《瞬息京华》（又名《京华烟云）中就有一段，说的是东单的苏州胡同，因离使馆区近，住的外国侨民比较多，所以，对四合院的西式改造也多种多样。这里不仅装上电灯、电话和抽水马桶等新式设备，而且房屋变化也很大。屋前建起了有墙的走廊，所以即便在严冬，从东屋到西屋也不必从露天经过。北屋正房是主人的住室，东屋改为书房，西面另有一跨院，住着主人的女儿。院子中间是一座喷水池……

四合院欧化，既要保留四合院的情调，又要吸收西式房屋的优点，中西合璧，相得益彰。东城南小街新鲜胡同内，有朱启钤先生的另一所四合院，完全是古式的大房子，后来也欧化了。站在院子当中，四下望去，东、西、北三面，都是绿色的立式西式玻璃长窗，三面连在一起，已没有了东北、西北的耳房或游廊式变化，三面在室内都走得通，同时三面又各自有门。室中地板、护墙板均为水泥的，刷上了厚厚的油漆。三面屋各有一套考究、齐全的卫生设备。

地安门东大街23号，原建于17世纪，系明朝山海关总兵吴三桂为他的宠妾陈圆圆所建。此座府邸由一连串优雅的厅堂院落组成，还有一处蔚为大观的花园，占地60多亩，有200多间房屋。主要的院落都由带遮檐的回廊相连。回廊的转角处设计有山石飞泉，池塘花树。回廊上的彩绘五彩缤纷，雕刻着珍禽异兽，顶板由一根根露在外面的木构架承托，表面涂着鲜艳的色彩，并装点着金箔。20世纪20年代初，顾维钧二次结婚后，与新加坡华侨巨商的女儿黄蕙兰来京时住此。当黄听说此宅是前清的一位官员借给他们的时候，立即决定向其父又要钱 10 万元，买下这所府第。当时鲁迅买下八道湾 11 号有三十几间房子的院子时才不过两三千元，可见其贵。而这 10 万元只相当于这所住宅实际价值的一小部分，只因房主怕民国政府将其没收，而急于出手不计其价了。黄氏又花了 15 万元进行装修，安装了暖气系统，据说此宅冬天一日的用煤量就达 1 吨。此外还修建了新式的浴室，装上了冷热水；把几间小屋子打通成为大间，一间是大客厅，另一间是三十多米宽，五十多米长的跳舞厅。上房的西翼是顾氏的卧室、浴室、小客厅、书房和办公室，东翼是黄惠兰的起居室、浴室和小客厅。两翼都另有台阶通到前面的大院子。此外，还有为数众多的客房（常常有许多外国客人住在她家）和用人住房，后改成宠物狗的住处和孩子们的生活区等。

1930 年蒋介石和夫人来京期间曾住于此，蒋夫人对此宅里的精致家具很欣赏。日本占领期间，府邸遭受浩劫，绿草如茵的庭院和美丽的花园成了养马的地方。

东城区交道口南的后圆恩寺 7 号院，是一座既有中式四合院又有西洋楼房的宅院。它中部为一西洋式楼房，楼前有一带喷泉的圆形水池，周围还点缀些圆明园的石刻，池东南有一花岗岩的西式圆亭，由棱柱支撑。西部为后购置的一座中式四合院，东部有假山及仿古建筑。

这宅子原是清代庆亲王奕劻的第二个儿子载旉的。抗战胜利后，此处做了国民党政府总统蒋介石的行辕。该宅现为友好宾馆。近几年，宾馆在东院修了仿古建筑和日式餐厅，西边中式四合院与洋楼连接处又修了一道带什锦窗的仿古围墙。

西四北六条 23 号是一处典型的中型四合院住宅，坐北朝南。按着南北纵轴对称布置。大门外有照壁一座，门前台阶两侧有上马石一对。大门在住宅东南角，东有倒座房两间，

地安门东大街 23 号

地安门东大街 23 号院内孙中山先生住过的房屋

西有倒座房六间。进入大门迎面是影壁，二门是垂花门，两侧是抄手游廊，墙上是什锦灯窗。北房五间，两侧耳房各二间，北房明间门的裙版雕刻有《西游记》人物图案以及花篮盆景，甚为精美。东西厢房各三间。北房东侧有过道和后院相通，后院北房五间，两侧耳房各二间，北房明间门上的裙版雕刻有松鼠、葡萄、盆景、花篮等图案。东西厢房各三间。最后有后罩房九间。院内墙上布满“卍字不到头”砖雕。

福建汀州会馆北馆在前门外长巷二条，始建于明代弘治年间（1488—1505）。是福建省在京同乡集资修建的，分北馆和南馆两部分，隔街相对。北馆最早建成，共有6个大小院落，房舍50多间。中院为主院，有一座五开间的正房，原先是会馆的祠堂，供奉天后娘娘和会馆创建先辈的牌位。这座祠堂建筑相当考究，并具有南方的特点：梁柱、门、窗全部用江南优质杉木制作，屋顶起坡平缓，前廊后庑，廊内装修为一色的花格子卷帘雕花门窗，廊顶露明，雕刻出象鼻形椽子，桃尖梁上有双象形蜀柱，梁头镂雕出天马、神牛等多种动物纹饰。整体建筑形制独特，雕工精湛，彩绘色调淡雅，是北京独一无二的福建风格民间古建筑。其他各院落也都各成一体，可谓院中有院。南馆建筑年代在后，是清乾隆年间才建成的，其中也有大殿，内祀奉一尊硬木雕刻的魁星像，其建筑不如北馆精湛，规模也比北馆要小。

北京标准的四合院大都建在内城，宣南则有更多灵活多变的“非标”形式。主要原因是这里胡同密度大，走向不规范，平民注重用地的经济性远大于住宅的气派，甚至大于实用要求，因此出现了以下特点：第一，不拘方向。东西南北向都可布置正房，不一定非北不可。第二，高密度。内城标准四合院连胡同，密度不超过50%，这里则高达60%以上，因此常有正房只露明一间的狭窄院子。第三，格局灵活。正房以三间居多，厢房有的三间，也有的两间，还有只一面有厢房的曲尺院。很少用垂花门抄手游廊，但为分隔内外院而使用障墙屏门。第四，小尺度。大门一般不用广亮大门，如意门也不多，大多数是半间窄大门。房屋开间除正房明间外，很少用到 1 丈，进深浅的也只有 9 尺至 1 丈，前廊小至 3.5 尺左右。装饰构件，如门鼓石、挂檐板等普遍减小。第五，某些商人住宅带有地方风格，如山西的砖砌女儿墙、南方的天井楼房等；有的“非标”四合院还吸收了一些洋式手法，特别是大门，出现了不少新鲜式样。

三合院 与四面有房的四合院比，三合院没有南房，因此得名。当然，也有一些是缺少东西房或正房的。这种局面的出现，主要是受地势的限制。有的三合院并非独立的院落，可能只是大四合院的附屋院落。

邓云乡先生在一篇文章中曾提到他所见过的一处三合院：该院的街门开在南墙的正中，好比大四合院垂花门的位置。正房三间，附东、西各一耳房，东、西厢房各三间。临街一带短墙，街门只有门楼而无门洞，街门一开，正对着北房正门，打街上就可将院中一览无余。为此，主人在小门内竖了一个木制影壁。

柳存仁的长篇小说《大都》中也介绍了一处三合院。这院子的格局，说得形象点，恰似一个摆得很端正的英文字母 U。正南面是土墙，中间一个小院门，靠西是一间厨房，厨房斜对过，西南角有一扇小门，进去就是茅房和一个极小的堆煤球的跨院。东边是女仆的下房，正面坐南朝北是三间比较正式合用的房子。当中一间做堂屋，两边木隔扇隔开，左边是书房，右边是卧室，外带一间光线黑暗的小套间，堆满了箱笼杂物。它没有巡回互通的走廊。正屋檐下是两尺高的石阶，下房和厨房檐下的石阶却只有两三寸高。

豪宅讲究的是气派，民居追求的是舒适。早年间在靠近城根的顺城街内，往往拥挤着低矮、简陋的小三合房。房子不是瓦顶，大多为青灰抹的，顶多是“棋盘心”，四周平铺一圈板瓦，中间仍是青灰，可主人勤快，再有些手艺，肯定能把这小院拾掇得相当不错。院儿里种着枣树，山墙上爬着老倭瓜，门前屋后遍种喇叭花、指甲草、草茉莉等草花，不仅看上去五光十色，嗅一下也会满鼻生香。

住在南城的小铺掌柜、梨园二路角儿们的院子也很有特色。材料不贵，可依旧是磨砖对缝，院子的地上也墁着大方砖，整洁、精细。院子面积不大，可能不合格局，但依然可以在盖四间的地方设计出三正二耳房来。东西屋进深很浅，可从外头看依旧是完整的一个小院，体现出主人的智慧。

延续三千年建筑传统的四合院

当然，四合院并非为北京城所独有。实际上，它也是中国北方城市民宅的普遍形式，由四合院布局体现的秩序井然，更是典型乡土中国的代表。

不同的自然环境、不同的民族、不同的时代，人们的居住形式各有不同。尤其是在幅员广阔、民族众多的中国，住宅的形式更是多种多样的。但从历史上来看，作为一个统一的国家，各地各民族习俗上尽管各具特色，但有共同的文化传统。从远古时代的“巢居”“穴居”，逐渐演化到在地面上建造木架泥墙的住房，而后形成组合完整的四合院。其中，布局完备的四合院，早在3100多年前的西周时期就已经产生了。这种木构架体系、院落式组合的建筑，是中国建筑最突出、最根本的特点。它遍及全国各地，是所有中国建筑类型的根源。宫殿、衙署、寺观、宗祠、住宅无不如此。

陕西岐山凤雏村西周四合院遗址，被称为“中国第一四合院”。可以说，这种四面建房，中间庭院的建筑格局，从古至今一脉相承，未曾间断。

作为一种院落布局方式，四合院在已发现的古代建筑遗址中广泛存在。但是古代盛

北京西城后英房胡同元代庭院遗址复原图。此为北京四合院的雏形

行的是廊院式四合院院落。河北安平汉墓中的一幅汉代大住宅的壁画、内蒙古和林格尔汉墓壁画所描绘的地方官衙，以及敦煌壁画中所表现的北朝到隋唐佛教寺院图像等，都是这种形式。一般来说，廊院式的四合院，都是将主体建筑置于院落中央，周围主要为廊，或左右有屋，总之不是四面建房。以后，为了增加院落中的使用面积，廊院形式才逐步被四合院所代替。北京故宫前院的三大殿组群，实际上就是廊院式四合院，但它的围廊不是空廊，而变成连檐通脊的廊庑及门阁。由于在太和殿、保和殿左右增设了隔墙，分隔开了统一的廊院空间，使人感觉不出三大殿是位于廊院的中央。

在北京的北二环路，曾发掘出两处元代的庭院式建筑遗址。一处在北二环路的西段、后英房胡同以北。20 世纪 70 年代初，在拆除北城墙时发现。这是一座非常讲究的大型邸宅，由主院及东、西跨院组成，总面积约 2000 平方米。主院正中偏北，是由三间正房和东、西两耳房组成的五间北房。正屋前出廊、后出厦，建于一座平面略呈凸字形的砖石台基上，基高约 80 厘米。正房两侧有东、西厢房。院落之间铺以砖甬道相互贯通。西院南部已大部分破坏，仅北部尚存一小月台。月台南面正中及东侧各砌一踏道。月台的东南、西南角各放一狮子角石。月台北面尚存台基的东部及房屋东南的柱础。东院是一座以“工”字形平面建筑为主体的院落，北房、南房皆面阔三间，东、西厢房各面阔三间。北房台基的东南、西南，各有一砖砌台阶，台阶下的砖砌露道向南，穿过院落，通向角门。发掘时，出土了彩画额枋、格子门、滴水、瓦当等瓦木构件。元代时规定，大都城营建住宅“以地八亩为一分”，而此宅面积显然超过八亩，可见其非一般的贵族、功臣或大官之居所。这一遗址可视为明清时代京城邸宅制度的渊源和四合院的由来。

另一处遗址位于雍和宫北的北二环路、原明清北城墙之下。由于建此城墙时匆忙，地基未经仔细整理，以至 20 世纪 50 年代被发现时，甚至发掘出了室内家具、瓷器等物。

此遗址是一处三合院。主要建筑是三间北房，建筑在砖砌台基之上，正中是方形月台，台前用砖砌出十字形露道。北房两明间具有后厦。屋内四周用砖、土坯围砌成炕。宽的是火炕，有灶膛和烟道，烟囱立在墙外；窄者为实心炕。这样的土坯炕在其他遗址也有发现，可见其为当时比较流行的屋内布置形式。据推测，北三合院可能是某衙署的院落。以实物证明，三合院的建筑形式，早在元代已有。

明清时期定型的四合院格局，是经过多年演进而最后形成的。其中，除北房居主要地位外，周围房屋和其他建筑形式，都经过了精炼、强化和调整的过程，以至有了布局合理、错落有致、内外有别、主次分明、有开有阖、趋于完善的四合院院落。

后海北岸的鸦儿胡同4号，一所建筑一般的普通大四合院，清朝镶黄旗名臣之后富察氏曾在此居住，所以，具有清朝入关之初的塞外风俗和淳厚作风。一是院内有杆子、板子，后院还有七间佛堂。二是西边墙外建有一些不规则的简陋住房，这是依照满人的祖例，为贫困者、旗人、灾民盖房留出的空地。院门的左右都有住户或铺面房，内侧都在大院内有门，但与院内主人无关。三是此院进大门后并非传统四合院那样左拐，进二道门，然后入里院，而是进大门即甬道，然后二门、大厅、三层院子门、北房。也就是说，坐在第三进大北屋里就能直接看见院门外，这种设计在四合院中极少见，体现了富察氏祖先位虽显贵，但依旧与族人、下人同甘共苦的传统。

在中国南北方的广大地区，适应不同气候环境、土地多少、经济条件、建筑水平等诸多因素的四合院式建筑，呈现出丰富多彩的风貌。比如，北方四合院的庭院比较开阔，而南方庭院则很小，称为“天井”。江南住宅称“四水归堂”，西南称“一颗印”。它们的共同特点，是均由若干座单体建筑和回廊、围墙等辅助建筑共同组成庭院。一条南北中轴线贯穿其中，重要建筑建于此线上。而次要的建筑则位于重要建筑的两侧。

虽然在一些边远的少数民族聚居区，有干栏、碉房、毡包等建筑形式，但这些地区的重要建筑或上层人士的住宅也往往建成庭院式的。四合院民居是西南民居，尤其是四川平原民居的重要形式。云南大理白族民居的“三坊一明壁”样式，也是由正房、厢房和三坊房屋及明壁围成的四合院。

在地狭人多的安徽徽州，尽管有些地方的建筑布局不规则，但民居住宅的基本单位仍然是三合院或四合院，尤以三合院为多。与北京四合院不同，这里的院子一般为横长纵短，好处是受光时间更长。每组四合院是一个或是一个以上的三合院或四合院相套而成。住宅规模越大，庭院越多，则宅院便会沿着纵的方向伸展。徽州四合院民居共分四大类：凹形，即三合院式；口形，即四合院式；H 形，由前后两个三合院组成；日形，即前后两个四合院组成。凹形三合院为一进二层住宅，两侧是廊屋，中为天井；口形住宅为两进，与三合院同，但南面亦有廊屋；H 形前与三合院同，但后面还有一天井；日字形民居实为前一三合院后面接一四合院，在第一、二进与第二、三进间各有一天井，各进之间两旁均由廊屋相连。此外还有许多变形形态。

在以窑洞为主要居住形式的黄土高原，其挖出的下沉式“地坑窑”式住宅，也是庭院式的。可见，庭院式住宅是中华民族自古以来最常见的居住方式。这就是广义的四合院。当然，这种四合院在中原文化区的表现形式比较单一，但在偏远和少数民族地区则结构形式多样，装饰手法也各有特色。在“三代京华，两朝重镇”的大同，其建筑集辽、宋、元、明、清历代风格、技法之大成，反映在民居上，乍一看也是四合院，但从门楼造型、大门开设、建筑布局、建筑形制、构造做法、细部装饰等方面察看，又迥异于北京的四合院，具有塞北民居的特征。

当然，在实际生活中，那些属于标准的格局常因其使用功能的不同而发生变化。比如，宫殿的庭院显得格外宽大，以体现君临天下的威严，并且适合举行各种礼仪活动。庙宇的庭院同周围的殿堂一样，作为礼佛的场所，当然要显得端庄肃穆，宁静清馨。为此，种植松柏和菩提树是免不了的。与此同时，为了显示人间佛教的无边法力，同时增加与人的亲切感，种植花卉，尤其是名贵花卉，就成为许多庙宇的共同选择。至于民居四合院，几乎就是半敞开的多功能居室。

北京的四合院住宅，承接了三千年庭院式住宅的传统，成为这一传统最高的表现形式。北京四合院的这一独特形式和重大成就，当然与北京地区的地理环境、人文环境和建筑技术本身的发展密切相关。如前所述，四合院并非北京所独有。在中国的广大地区，尤其是北方，四合院是民居住宅的主要形式。那么，四合院又怎样成为北京的“徽记”和“北京文化”的代表了呢？当代学者赵园曾经指出：“北京文化的形成，与其说赖有天造地设的自然地理环境，不如说是社会演变的直接产物。在‘成因’中，政治、历史因素显然大于其他因素。”在四合院的形成过程当中，这一影响尤其重要。

北京从辽代开始就已成为全国的政治和文化中心。尤其是元代，“营国之最”的大汗之城，开始确立了北京城的规划格局，经过明、清两朝的巩固而不断完善。北京的四合院，就是受元大都规划的制约，在明清两朝和民国以后大量修建的。按照元大都规划，在较大的街道之间存在着小街小巷，北京人称之为“胡同”。它们的布局整齐如棋盘，对大街、小街，乃至胡同的宽度都做了规定：大街宽 24 步（约合 37.2 米），小街宽 12 步（约合 18.6 米），胡同宽 6 步（约合 9.3 米）。胡同是平行排列在两条南北走向的街道之间的通路，两条胡同的间距为 50 步（约合 77 米），是四合院基地的进深。胡同的东西走向排列和胡同的间距尺寸，制约了四合院住宅基地的朝向与进深尺寸：或者以两条胡同的间距建一四合院，在南边的一条胡同里开前门，在北边的一条胡同里开后门；或者将这一距离一分为二，修建两座四合院，分别在两条胡同开门，也就谈不上前后门了。这样安排的尺寸有何道理？实际上没道理，就是这么定的。皇帝至高无上的大一统体制，居然在这方面也体现得淋漓尽致。

碰上一些有权有势的大人物，要想造大宅院怎么办呢？唯一的办法就是横向发展。这样的发展是无止境的，甚至可以占满整条胡同，就像清末东城金鱼胡同的那家花园一样。

四合院兴衰与政治的密切关系，在民国以后表现得尤为突出。袁世凯成为总统，国会参、众两院每年开会，外省官僚士绅云集北京，他们带来的侍从人员的大量需求，他们丰厚的收入，一下子把北京四合院的价钱抬得很高，盖新宅一时成风，促进了四合院在质量、形式和规模上的发展。1928 年以后，首都南移，北京降为特别市，改名北平。这样一来，众多的官僚人士纷纷南下，使大量的四合院闲置下来，以致出售都要赔钱，于是只好请人看房。往往是偌大的一座宅子，只有两三个看房的人在。庭院里长满蒿草，野兔、黄鼠狼等出没其间。靠近大学等热闹地区的四合院，偶尔有人前来承租，看房的居然成了房主，坐收房租。

与这种政治中心区域的地位一样，北京作为文化中心，同样对四合院的发展产生直接影响。其主要表现，就是北京的四合院种类因功能、质量、年代、位置的不同，所表现出的丰富多彩。种类繁多、规格不同的四合院建筑，大到皇宫紫禁城那样的多进、多套、大面积的超大型四合院，小到平民百姓的小四合房、小三合房，其中包括缩小了的皇宫——各类王府和许多官邸，以及四合院形式的延伸——寺观和衙署等。王府宅院往往占地数十亩，房屋几百间，七八进的院子，还带着花园，帝王之气，恐怕只有北京才有。如恭王府进门后要穿过大大小小的许多院落才到后院，而这些院落，无论布局还是雕刻，都费尽心思，巧夺天工。恭王府的后院是一长溜罩楼，楼的形式在北京本来就少见，而这种东西厢楼和后罩楼相连的规模，令人惊叹。也许因为受这些宏大四合院的影响，北京的那些普通四合院也透出一种威严、庄重的帝王之气。可以这样说，在老北京，凡是成组的传统建筑，很少有不是四合院庭院式格局的。

在施工质量方面的差异，更是一两句话难以说清的。皇宫建筑质量之精，就连地上铺的方砖都被称为“金砖”，至今还熠熠生辉。在四合院内部格局和装饰上，更因主人的身份、品味和经济条件不同，有各种各样的面貌。这些内容，是从门前经过的路人所难以望见的。

在历史上的很长一段时期，北京城中的内城，分布着亲王及高官的府第。内务府官员的住宅区在皇城之内。皇城之外，东西郊民巷一带住的是各衙署的官员。北城为贵族及内务府当差人的居住区，区内的王府特别多。东西城有高官富贾的宅邸。在内城原来规划街道布局的地区，如南锣鼓巷、东四、东单、西四、西单大街左右，东西走向平行排列的各胡同中的四合院比较完整、合乎格局。这种格局几乎是从元代就已形成，有八百年历史了。这些地区内的四合院，已成为北京四合院的代表和精华。

北京的四合院，作为一种文化，它来自全国，代表全国，同时又影响全国。为什么这么说呢？一方面，从修建这些四合院的材料来源看，有许多来自全国。例如故宫，它不仅征集了全国的能工巧匠，而且所用珍贵木材也来自全国各地，成为全国建筑材料和技术的展览会。另一方面，在北京做官和研究学问的外省人非常多，他们把各地先进和独特的建筑技术带到北京，将家乡住宅建筑的某些特点也引进都城，由此丰富了北京的四合院建筑。如四合院花园建筑，在很多方面借鉴了江南园林，尤其是私家园林的表现手法。颐和园的谐趣园等，干脆就是江南园林的复制。与此同时，作为文化中心的北京，其四合院文化又影响了全国，走向全国。许多官宦人家在故乡营建住宅，也明显地仿效北京住宅的模式。例如，在江南的一些县市，有许多在北京做官的人家。那里住宅的大门，与北京四合院的大门就很相似。虽然那里离北京有千里之遥，风土也有很大不同，不过，北京四合院的院落布置，对北方其他地区的影响还是很大。像河北、山东、山西等地的四合院，都是受了北京四合院的影响。

中国现代建筑大师杨廷宝曾在金鱼胡同内的和平宾馆大楼旁，面对着即将拆毁的四合院说：“为什么不可以结合实际情况，修缮一批民居四合院作为旅游旅馆呢？！你看那阳光，透过四合院的花架、树丛，显得多么宁静！住家的气氛多浓！还是个作画的好题材呢。”

如今，这一工作差不多已成为抢救工程了。因为，目前尚存的四合院，大多是清末民初时期修建的。辛亥革命成功，清帝逊位，原本的皇族显贵出卖房产的日见增多，很多新富迁入内城，对新购之房进行大修。与此同时，北洋政府的官员在此购置、新建住宅的也很多。这一时期新建的四合院住宅，趋于成熟阶段，生活设施也比较完备。由此才能留存至今。

四合院的单体建筑

门

门在四合院整体建筑中占有的面积非常小，但地位却非常高。这不仅表现在构成“门”的要素众多，而且它还被赋予了许多的文化意义。

就一座院落而言，院门最受重视。

首先，门是一户人家的脸面，表示其身份。因此，我国历史上对门的形式异常重视。历代典章制度都对门有严格的等级规定，包括门的式样、规模、屋顶形式、油漆颜色、装饰物件等，规定不厌其详。用门来描述一户人家的等级，形象而又直接，如“书香门第”“朱门大户”“柴门草户”等。

其次，门表示一种界限关系。作为建筑的出入口，院门区别了主人和客人，家里人和外人。在许多显贵与贫民杂处的胡同里，平民百姓从大户人家门口天天经过，但也许一辈子也没机会迈进大门。同样，大宅显贵们也不会屈尊进入寻常百姓家。真是鸡犬相闻，老死不相往来。这一道门，使院里的人获得了属于自己的领域感，使门外的人明显地感受到了不属于自己的领域感。

最后，从风水角度看，门的位置、颜色、朝向等因素，是影响本户人家兴衰的重要问题。房间门户不正对大门，据说是因为鬼走路不能转弯，房门不正对着大门，鬼即使进了大门，也只能直走，进不了房间。

在一条胡同里，邻里间的宅门不能相对。否则便会邪气相撞，不吉利。出于避凶趋吉的心理企盼，住房门前还忌讳遮蔽物，因而前排房屋要低于后排。宅院大门还要注意比左邻右舍突出，意思是压人一头。这就使得许多街巷胡同弯曲凹凸，难成直线。这表明，大门与吉凶祸福的关系，是旧时风水术的重点话题。在湖北《云梦睡虎地秦简》中，可以见到有关造门关乎吉凶的论述。这几乎成了自成体系的一套神秘文化。

最初的门，是一间房、一座建筑的出入口，当属于房屋的结构部分。到后来，门从建筑物中独立出来，也成为一座独立的建筑。有院才有院门，它标志着建筑物内容的丰富和形式的多样。最早记录门这一建筑的遗迹中，河南偃师二里头发现的商代宫城遗址，比较有代表性。这个大门为上有屋盖的穿堂门形式，门道（学名“门隧”）长6米，说明了门屋（门洞）的进深。

门洞两侧的房屋叫“塾”。来源是《尔雅·释宫》中的记载：“门侧之堂谓之塾。”为什么这么叫呢?《三辅黄图》的解释是：“塾，门外舍也。臣来朝君至门外，当就舍，更塾详所应对之事。塾之言熟。”这表明，门洞旁的小屋是臣僚等待朝见君王时做准备之处。正是因为借了“熟”的音，大门两侧的房间才被称为“塾”。作为最基层普及教育的形式，家塾就是古代有学问的人，在家乡的闾门之侧向邻里亲朋中的青少年传授知识的地方，门侧之堂谓之塾。“民在家时恒就教于塾，古云家有塾。”这正是北方四合院中，院门的东侧往往是家塾的原因。闾门之地是一间人家进出的活动空间，也是各闾显示形象的“门脸”之地，既方便就读，又是一种外向的形象展示，体现了重视教育的优良民风。

北京四合院大门的组成，细说起来有相当多的内容。比如，什么叫榴，什么叫框，榴、框各分多少种，具体情形如何，它们安在哪儿，门簪、门枕石、抱鼓石是做什么用的？门板有多少种，上有何构件，这些构件是做什么用的，都有哪些典故，艺术手法上有哪些特点……

接下来，就按照先上后下，先外后里的顺序，大致说明。

门楼的基本含义，是指院门上头，由砖瓦构成的顶部。但这只是人们的习惯叫法。从建筑学来看，除这里所说的屋顶外，还包括抱鼓石、门簪、台阶、门旁的侧墙等。这里所说的门楼，是遵从人们的习惯而言。王府宫门的门楼，讲究气派、级品，但在形式上变化不大；百姓家的门楼不像王府宫门那样有严格的规定，可依自家的喜好和经济条件自由设计。因此，这些门楼才形式多样，装饰各异，各具特点，颇为讲究。

北京最多的院门是道士帽式的。之所以俗称为“道士帽”，据说是因为它与平常人们见到的道士所戴帽子相似。这话听起来很形象，但是不够准确。因为，道士的帽子一般不叫道士帽，而叫道巾。道巾的种类也非一种，而是九种，表示了不同的派别、年龄等。它们是：混元巾、九梁巾、纯阳巾、太极巾、荷叶巾、靠山巾、方山巾、唐巾和一字巾。说这种门楼像道士帽，指的是纯阳巾。纯阳巾在全真道中又称一唐巾，因吕洞宾戴过，故亦名吕祖巾。

这种门楼在百姓类四合院中算比较讲究的，比较费工，费用也较高。因为它建起来的工艺同盖房差不多，外形和屋顶一样。屋顶的上覆盖层（包括面层和基层）主要是为防水和排水之用。上覆盖层是在较厚的泥背之上，通常由阴阳瓦砌成。“阴阳瓦”

都是圆弧形，因砌时一溜开口朝下，一溜开口朝上，故得名。阴阳瓦的屋顶优点很多。从外观看，很深的瓦陇自然显得暗，而朝上的就显得亮，远远望去，一溜暗一溜亮，变化有致，显得活泼。另外，它还有利于防寒，不易漏雨。可时间长了会长草，从而影响屋面的牢固。

清水脊（又叫鱼脊门）与道士帽式大同小异，但略显复杂。不但要起脊，有的还砌有雕刻的花砖，建造也较费工。分前、后坡，两坡由阴阳瓦合成，顶部砌圆筒瓦，最上端各有翘起的房脊头，整个门楼均刷成青黑色，“清水脊”之名由此而来。

轱辘钱门是百姓住的四合院中极普通、常见的小门楼。只是在街门的两边立起四个墙垛子，在垛与垛之间用瓦拼成数个花饰，俗称“轱辘钱”，最顶端用砖砌平，再用白浆把轱辘刷成白色，四周为青灰色。与清水脊门楼不同，轱辘钱门的墙垛砖及砖缝都露在外面，不抹灰膏，这叫“步步上台阶，阶阶上有钱”。其实，不过是为省钱省事找理由，同时也找个吉利。这种苦中作乐的情趣，也应算一种文化。

另外还有随意门、洋门等形式，因与门框连在一起，所以在后面再说。

院门，是四合院的主要入口，北京人习惯叫它“街门”。在一切都急剧变化的今天，已很难以这些街门来判断院主人的等级了。流连于绿树掩映中的街巷，那众多的旧式街门已经成为无声的历史，默默中带给你无边的联想和启迪，就像一位世纪老人，用颤抖的声音说着早年的故事。

在北京四合院那众多的院门中，大致可以分出这样两类：屋宇式门和随墙式门。前者有门洞，门占一间屋；后者没门洞，只在墙上开门。细说起来，屋宇式大门分为王府大门、广亮大门、金柱大门、蛮子门、如意门等；随墙式门有小门楼、栅栏门等。

王府大门 以往对住宅的称谓，《大清会典》中有着明确的规定：“凡亲王、郡王、

二龙路四合院门楼

鼓楼西大街的四合院清水脊门楼

世子、贝勒、贝子、镇国公、辅国公的住所，均称为府。”其中，亲王、郡王称王府。至于那些不是凤子龙孙的达官显贵，尽管有封爵，或有尚书、大学士、军机大臣的头衔，他们的住所也不能称“府”，只能称“宅”或“第”。在产权上，府和王府都是皇产，一旦撤掉爵位，就要相应地撤府，以备将来再分他人。宅第一般都是私产。

就王府大门来说，亲王府五间，郡王府三间，都是坐北朝南，门前有门罩（设有门窗和墙的房子），过道高出地面。府门东西各有一间角门，均叫阿司门，供人们出入。清代方濬师的《蕉轩随录》中说：“外官衙署正门左右各有一门，谓之东角门、西角门，下官参谒，均由角门入也。”角门的设置，使大门可以平日关闭，视时视事而开，是为礼仪方面的需要而设的。府门外有石狮、灯柱、拴马桩和辖禾木（古人称行马）等设施。与府门相对的为影壁。如果两座阿司门是东西对称，让人通行的，其中必有一四方大院，因此面府门前有石狮一对，故又称此为“狮子院”。凡此格局者，其府门对面则非影壁，而是一排平房，旧为兵丁所住，或回事处等的所在。

王府大门的间数、装饰、色彩等都是按制度规定而建的。“亲王府为绿色琉璃瓦，每门金钉六十有三，世子府减亲王之二”，贝勒府就是正门三间，启门一间。王府大门屋顶用筒瓦、大脊，设吻兽，垂脊上设仙人走兽，山墙上做排水沟滴，大门漆红色，梁枋施彩画。

广亮大门　“广亮”，顾名思义，应该是比较宽敞、豁亮的意思，这是相对旁边的小门楼等较矮仄的院门而言的。“广亮”的原音是“广梁”，说的是屋顶的大梁很宽广。既然如此，院门还能小吗？显然，只有官高爵显的人物，或民国以后的军阀商贾才有可能建造。为了显眼，大门的这一间要比两边的房屋大一些，有自己的山墙，戗檐上施以砖雕花饰，屋顶加高，墀头墙凸出。广亮，不仅体现在规模上，更体现在装饰上：上有

东城区张自忠路 3 号，原为王府，民国时期段祺瑞执政府设于此

恭王府宫门

数对门簪，下有精致的石鼓门枕，墙面的砖雕，木头上的彩画也无不考究。大门内外有影壁、屏门，设台阶，一般比地面高出三五寸。大门两边的内墙上一般抹灰涂白，周边加线脚。讲究的用竹条或铁棍做骨架，再用水泥沙子堆塑出浮雕花样来，也有的在上面画壁画，还有的是磨砖对缝、平整光洁的所谓“硬心”装饰。

广亮大门的屋顶一般不吊顶，后来为了整齐也有加的。屋脊有两边斜伸的“清水脊”，也有元宝脊。广亮大门的门，立在房屋进深的一半处，二分之一甚至更多的使用面积留在了门外。民国后为了治安的考虑，有的在门外加了一层铁栅栏。广亮大门与王府大门一样，门外也有上马石、拴马桩或拴马石等。

金柱大门　“金柱”，就是檐柱以内的柱子。金柱大门，就是将门框安在金柱上的大门。在规模上，金柱大门显然比广亮大门要小，门也窄，有的只有半开间。其他方面如大门的构造、屋顶、雕饰等，均与广亮大门同。其门洞仅约一步进深，大门道的檐柱上有些装饰，整体上显得比广亮大门轻巧。

蛮子门　蛮子门最大的特点，是比金柱大门更往外推了一些，几乎就在前檐柱的位置上。其他方面与金柱大门、广亮大门差不多。蛮子门的出现，是因为房主的官品不高，至少不能建广亮大门，索性院门外前推到屋檐下头，属于南方来京的官员或居民喜欢的式样。“蛮子”是当时北京人对两广及南方偏远地区人员的不尊重的称谓。

《大都》中提到过这类街门：“终于，他回到椿树胡同揿着自己家门的电铃了。墙边儿的几棵高树，透着嫩青的桠枝，让风不住地吹荡。里面噔噔地有人跑着，啪的一声，门上的乳白圆电灯亮了。那人开了闩，从门隙张望了一下，开了门。他跨进大院来，发现前面门洞那边没有客人的车马了，电灯也没有开亮。”这段描述表明，门洞里能停车，自然是因为大门往外推了，这正是蛮子大门的特征。而能照到外面的乳白圆电灯，肯定

金柱大门

蛮子门

就在外推的门上头。这里所描写的，门洞内停车并非妄语。京剧艺术家王瑶卿的故居（今西城区培英胡同20号）的门道内，因为宽敞，就曾是存放洋车的地方。

如意门 如意门的数量最多，是一般民居用的。由于数量大，所以形式也多，可繁可简。在等级严格的封建社会，有钱无官的人家，建小门不甘心，要建大门，于是，建成广亮大门的规模，而门却不大。这样一来，既显得与众不同，又未越制。另外，在门楣上大加雕饰，屋顶上出挑，山墙上有完整的镂花装饰。最高级的用博古、九世同居、狮子绣球、荣华富贵的纹样，中等的用荣华富贵、番草、人物等。一般都做成桥或栏杆的样子，显得雍容华贵，又不犯制。

最简单的如意门，只用瓦组成钱纹、“五花象眼”等透空的花纹。这种大门的门扇减小，只用两颗门簪，石枕为石墩，而非石鼓，开启灵活。

到了民国年间，原有的皇族显贵开始败落，所用宅院陆续出卖。购买这些住宅的新富们为了遮掩，就在原广亮大门的基础上，在门道内砌墙，门道封在大门口内。这种由广亮大门改成的如意门不少。这样的大门，往往在山柱上留下原来装门的槽口痕迹，甚至原有的门不拆，又在外檐下再加一道如意门。

这种门由于样式随意，大小由之，适应多种需要，因此称为如意门。

小门楼 这是随墙门中最常见的一种。随墙门也叫墙垣门，其特点是无门洞，顺墙开，只占半间或大半间宽度，院门较窄。在风格上仍追求屋宇的效果。它有两堵极短的山墙，有屋顶，上做正脊、两头翘起，檐上装饰花草砖。所以说，尽管这种形式的院门等级最低，但普通人家也会尽可能地装饰一番。特别是墙垣式门楼，与房屋无异。用瓦片砌成的串串铜钱式样，更显得新颖别致。《四世同堂》中祁家住的就是这种小门楼，即花墙子门楼。

栅栏门 这也是随墙门的一种，俗称菱角门，一般用于大宅门的马号。两根木柱支着横木，上边用一种菱角形的木构件向外出挑，承托着屋顶，门扇是直棂栅栏门。

圆明园式门 清末，受外来文化的影响，以圆明园式门为代表的洋式院门，也出现在北京的大街小巷之中。

其产生源于皇帝在圆明园中所建的西洋楼，帝王的爱好也引起了王公贵胄的兴趣，纷纷在自己的宅园中建洋式门楼。如恭王府花园东侧大门的门楼，就是圆明园式门楼中的代表。这种门在西洋式立柱之上的女儿墙表面做中、西式花饰，或为西洋式草花或为中式文物古董，中西合璧，很有时代特色。

东城交道口南东棉花胡同 15 号即有一座砖雕拱门。高 4 米多，宽 2 米多，从金刚墙以上均为砖雕，上刻花卉及走兽，顶部有朝天栏杆，栏板上雕有松竹梅岁寒三友，拱门外两侧雕有多宝阁，阁内雕着暗八仙等图案。整个拱门的砖雕，布局严谨，凹凸得当，做工精细，实属罕见。

其他形式门 过去，南城一带的胡同里，有些住宅的临街后山墙和其一侧的院门外，还筑一道木板墙，木板墙上再开一个门，叫板子门。木板墙与后山墙之间的空隙，设置厕所和放水桶、垃圾筐等碍眼的东西。住在板子门里的住户，大多是独门院的富裕人家，有人进出时随手关门，较好地起到了防御作用。

有些民居四合院临街，于是，就把临街一面的房屋改成了铺面的房屋做买卖，后面的院子或住家或作为加工场。北京人称这样的房子为铺面房。这种铺面房的门往往就是院门，同时还开有旁门或后门。这也是四合院之门的一种特殊形式。

院门的主体是门板。做门取用的材料，最初均取自自然存在物，曾是普通的景观。

圆明园式仿西洋风格的大门

四合院的如意门形式

昔日当铺门前也修起了木栅栏式店门

《大唐西域记》中有关于铁门的记载。南朝陈后主为追求广寒宫的效果曾用水晶造门——“圆门如月，障以水晶”（见《南部烟花记》）。门的材料同门的形状一样，成为表现富贵尊卑的手段。以往用得最多的还是木门，只是对木材的选用比较讲究。像槐木，因“槐”字一旁为“鬼”，故忌用。用作院落大门的门板，通常有实榻门、棋盘门两种。前者门心板与大边一样厚，后者在框架上装木板，加以穿带，方格略似棋盘。

就门的颜色来说，“人主宜黄，人臣宜朱”，汉唐时的黄色之门很是高贵。朱漆大门也曾是至尊至贵的标志。朱户被列为“九锡”之列，所谓“九锡”，是指天子对于诸侯、大臣的最高礼遇，赐给九种器物。朱户的赐予，是一种高规格的待遇。黑色大门很普遍，是非官宦人家的门色。这种黑色被称为“黑煞神”，由它当门，邪气难侵，门色成了门神。南北朝时曾出现过彩绘门，或花草或龙凤（见鲍照《芜城赋》）。与之相反的是白板扉，不施漆，原色，这是农家俭朴生活的写照。《金瓶梅》第七十二回记载“李瓶儿何家托梦”，西门庆“从小巷经过，中间果见双扇白板门”。

门板上还有装饰。故宫大门上的铜门钉当然是最讲究的。它本是出自木板门的工艺需要。但到了后来，门钉的装饰作用更为重要。金元时代的古塔上也有门钉。一般人家的门板上，常饰有门环、门钹、铺首和铁包叶等。

门扇上的拉手叫门环，是为开关之用。门上的铜环拉手叫铺首（见《中国古代建筑辞典》）。而院门上的金属器物，俗名“响器”，官名“门钹”，也叫门环。最常见的门钹呈六边形，状如铜钹。方约七寸，中部突起，六角上有孔供穿钉，钉于门板上。有的门钹做成兽头形，叫作兽面。一般门钹为铁质，在凸出的中部吊有树叶似的铁片，来人轻拍门钹，以唤院内人开门。有的熟人来，拍的数量、轻重都有常数。

从门钹还能看出房主人的地位。宫殿、王府都用铜制的，为龙头或狮子头，并带有

门钹与门环

半椭圆形的环儿。官宦、商贾宅邸是铜制的六角形带花边、扁叶环儿。平民百姓则是铁制的。

铺首（或干脆叫门环）是实用的。但加上装饰的底座以后，就变成了驱邪的传统饰物。《汉书·哀帝纪》上说："孝元庙殿门铜龟蛇铺首鸣。""木门仓琅根，谓宫门铜锾，言将尊贵也。" 以宫殿木门上的铜铺首，隐言赵飞燕将被立为皇后。

龙生九子，其中之一是椒图，据说它"其形似狮子，性好食阴邪，故立门环上"。

门簪是将安装门扇上轴所用连楹固定在上槛的构件。因其位于大门上槛并凸出头来，所以形象地比喻为妇女头上的发簪，故名门簪。一般用两个或三个，多者四个或六个，上绘彩色图案或写（刻）字。

门簪有方形、长方形、菱形、六角形、八角形等多种形式，图案以四季花较多，外刻春兰、夏荷、秋菊、冬梅，文字为"吉祥如意""福禄寿禧""天下太平"等。

《老子》说："善闭，无关键而不可开。"关，就是以木横持门户，俗话叫"门闩"。"门"字的繁体字为"門"，相当于两扇门。两扇门合上，加上一根横木，就是门闩。每日夜晚，或白天有事时，把院门关闭，从里面横上一木，就可起到阻止外人进门的目的。《四世同堂》中祁老太爷对付战争的办法，就是拿门闩顶上大门，预备了一缸窝头和一缸咸菜。

门的下方常包上如意形的铁板，钉上许多钉子，以保护门板。

门槛是门下头的一横木。由于大门一般是往里开，门槛一般在门外。关上门时，门前有门槛，门里有门闩，门被牢牢地关上了。门槛的高度与门的大小有关。凡是门大者，门槛必高，必是有身份者。所以人们才爱说："你家门槛高，哪儿敢去呀。"门槛伏于门口，迈进去，退出来，最容易使人联想到界限。

家猫卧于门槛，被看成是吉利的征兆。因为猫被看成是帮助主人的动物，卧伏于门槛，就等于为主人站岗，防止外人进入。在各地民俗之中，门槛的象征意义很多。可让人坐，不可让人坐；可以踩，不可踩……祥林嫂为了死后不让阎罗锯成二身，分给两个丈夫，就到土地庙捐了一个门槛，当作自己的替身，任人踩踏，借此赎“罪”。

大门除了前面说的门板，还有槛框。前面提到的门槛，是下槛；依托门簪的是中槛，上面还有上槛，它们都是横向的构件。而框则是竖向的构件，包括抱框与门框。

门簪固定了门的上轴，门枕石中心安装的铁铸海窝固定了门的下轴。门外的抱鼓石与门内的门枕连在一起，上面雕有鸟兽或花草图案，又实用又美观，如“番”字花纹、鱼形纹、彩陶纹、石刻图像、编织纹、祥云纹等。有些石鼓还被雕成狮子，取吉祥之意。为了转动灵活，下轴的海窝中常要滴些油，又轻又没声。

门前的一对石鼓，还曾是功名的标志。这正是“石鼓”与“石墩”的区别之处。因为无功名者不可立鼓，只能将石枕的外面部分装饰成方形，以区别于鼓，只能叫墩。讲究的才在门墩上雕出狮子，外面雕花。遇到年节或礼仪场合，门墩外头还要罩上木罩，以显华贵。

狮子来自国外，汉代开始被凿石雕像。守大门的石狮，被赋予了“子嗣昌盛、古代高官”的含义。明代冯梦龙所辑《桂枝儿》里的一段词说：“石狮子，你与我空成一对。我看你，你看我，好不孤凄。我两人都是石心石意，远又不多远，怎能勾做一堆。分隔在东西也，空自看上你。”一对石狮子成了相互传情、缠绵悱恻的一对恋人。

民宅门口通常不摆这种石狮子。因为七品以下的官僚，门前若有石狮的话，就算是僭越。官宦人家的大门前才有石狮和旗杆。

赋予石狮辟邪镇宅大吉的意义，实际上是一种民俗活动。这是由它的厉相、威慑意

门墩

义所决定的。

上马石设在院门外，不仅便利于上马下马，而且也是品级的象征。一般有封爵赐第的官宦人家才能设置。上马石位于大门的两侧。除上马下马之外还要拴马，木桩石桩也成了门前的一景。讲究的拴马桩上刻有狮子和浮雕图案。一般也是对称立于大门两旁。

不过它不立于地，而是嵌于墙上。一般四合院倒座房的间与间之间有木柱，上有铁环。盖房时将此环留出，朝外再留出一尺见方的小洞，洞口镶上青石，这就形成了拴马石。也有的拴马石是将石雕嵌于墙上。

有的拴马石装饰成猴形，这是因为猴子能辟马瘟，这正是孙悟空的雅号。《晋书·郭璞书》中记载了神猴医马的传说。按阴阳五行中地支的属相来说，申属猴，午属马；申为水性，午属火性，水胜火，猴同马就建立了一种紧密的联系。“猴子拉马图”也成了马棚的护符。

与上述的石狮、上马石、拴马桩一样，作为院门外布置的石头用品还有一些。比如，在门前提示阻止通行或下轿下马的警示装置——梐枑（或叫行马），两扇大门合缝处下端用来固定关合的石墩——将军石，宅第大门口常立的镌字“石敢当”“泰山石敢当”的小石碑，以及专用于狱门上方的似狮头又似虎头的驱邪之物——狴犴，等等。

影　壁

在清代，曾流传一个种地老头救憨王（即努尔哈赤）的动人传说。据说老憨王有一次在战斗中只身逃回，种地老头让他趴在垄沟里，再用犁杖把他扣遮起来。这时又飞来一群乌鸦落在上面，才使老憨王躲过了追兵，最终在盛京做了帝王。

老憨王把这位已经去世的种地老头封为天，命令所有满族人家的院子里都要立一根索伦杆，上面安个圆斗，放有祭祀天和乌鸦的肉。同时，每家门前都要砌一个影壁，给天作为神位，每逢年节要祭奠。

这表明，清代满族人家门前的影壁，是祭祀天的神位。北京王府及四合院中的影壁，多少与满族的这一居住习俗有关。但影壁存在的历史要比这个传说更悠久。像陕西西周遗址中的那座中国最早的四合院大门外，就曾有影壁的残存。影壁的用途很广，像帝王的宫苑、宗教寺观，直到官邸衙署等建筑的门前都有影壁。

北京住宅的影壁，除上面提到的建于门外的，还有建在门里迎门处的。

“三号门外，在老槐树下面有一座影壁，粉壁得黑是黑，白是白，中间油好了二尺见方的大红福字。祁家门外，就没有影壁，全胡同里的人家都没有影壁。”从老舍先生的《四世同堂》中我们感到，门外的影壁，显然不是穷人家的院门前能有的建筑。比较著名的，像史家胡同55号，大门内的影壁上有砖刻的清代和亲王题诗联：左联为“红珠斗帐樱桃熟”，右联为“金尾屏风孔雀闲”。中间为一首诗：“桂殿与山连，兰汤涌自然。阴崖含秀色，温谷吐潺湲。绩为蠲邪著，功因养正宣，愿言将亿兆，同此共昌延。”

的确，门外的影壁只有王府大门及等级高的广亮大门外才有。这种影壁一般为“一”字形，也有的如“︵”形，中间略高，两边略低。

在一些规模较大的建筑院落的大门前方一段距离处，是设立影壁的地方。它正对大门，和大门外左右的牌楼或建筑组成门前广场。在北京，门前有影壁的四合院不少，尤其是在“东富西贵”的东、西城。像东城黄米胡同5、7、9号四合院，坐北朝南的大门对面，有一座很大的“一”字影壁，大门两侧为“八”字形影壁，看上去自然很气派。其余的

西苑门影壁

八字影壁

还有像恭王府的别墅部分（西城区小翔凤胡同5号），大门外有影壁，大门的两侧为“八”字影壁，甚至大门内也有影壁。西城白米斜街路北的张之洞旧宅，门外对面是一面近四方形的砖雕影壁，硬芯方砖斜拼，很是精致。大门两侧为“八”字影壁，等等。

在北京住宅的这类影壁中，规模最大、砖雕最精的，当属北新桥大头条西口内的那一座。该影壁为“冖”形（简称八字形），很长，有10多米。上面的砖雕十分精美，影壁的上部有屋檐。此影壁位于东北军将领王承斌的住宅。该住宅大门已被封住，改为住房，影壁前也因地方宽敞而盖起了厕所。

北海公园北岸的九龙壁，就是一座著名的影壁。这是一座仿木结构的彩色琉璃砖影壁，全壁共用彩色琉璃砖424块。它的北面原是大圆镜智宝殿（四合院式庙宇），1900年被八国联军焚毁，仅存九龙壁了。

大门内的影壁迎面正对大门，左右是屏门。从形式上讲，分为独立式和借山式两种。所谓独立式，前提条件就是得地方宽阔，尤其是倒座房的前院子进深大。独立式影壁是从地面往上砌砖，下面为须弥座形，再上为墙身，用青砖打磨成柱、檩、椽、瓦当等形状。影壁中心部位刷白灰，或斜向砌砖，中心为凸出砖雕图案，或书吉祥语句。独立的影壁几乎就像一座压扁了的屋宇。

借山式的比较简单，利用东厢房山墙做成影壁，多为平心，中写吉祥词句，下面一般没有须弥座，但上头一定出檐。

有的影壁也设在二门进口处或在西厢房的南山墙，原因是院门开在了院子的西南角。

在京西古刹戒台寺的牡丹院内，有一座用太湖石堆砌成的花坛式影壁。这里曾是明清两朝帝王的行宫，清光绪年间，恭亲王曾在此长住，并对其进行大修。这座花坛影壁高3米，长6米，太湖石高低错落，里出外进，留有许多孔洞，形同一座假山，故又名“假山影壁”。影壁前为一花坛，与影壁为一体，也用太湖石砌成，有5米长。这种假山花坛式影壁既起到了门屏的作用，又自得一景，十分独特。它是北京传统四合院与江南园林艺术巧妙结合的产物。

影壁的装饰功能，就大门外来说，是增加了大门的气势；就门内影壁来说，则营造了一种和谐、安谧、幽清的环境。其构成要件，不仅包括影壁本身，而且包括绿色底、红斗方的屏门，以及影壁前的盆花、莲藕或鱼缸等物。来访者一进门，首先映入眼帘的，是素雅光洁的影壁、繁茂的花草，视觉感受自然很美。

屏　门

如前所述，屏门同门内影壁一起，是构成阻隔院内视线的屏障。但与影壁不同，屏门是活的，而不是死的。前者是墙，后者是门，故名“屏门”。屏门由四扇或多扇组成，可开启。除了在大门与影壁之间所形成的小院两侧设屏门外，在外院，与东边相对的西侧也设，那里常常是茅房。另外，作为二门的垂花门，里侧正面也设有四扇屏门，甚至院落之间横向联系时也用屏门。

有的屏门安在木框架上，但更多地，是安在有短檐或是顶部用瓦叠成花样的墙上，槛框为黑色，还有些线脚。每扇门板的一侧上下角安装铁件，以限制在槛框及地窝内，可以转动开启，需要时把门板卸下来，移至他处。绿色屏门上的红色斗方中，一般书写黑字：“吉祥如意”“四季平安”等，也有的是圆形的瓦当寿字，红底上撒点金。

屏门早在周代就有了，当时称“扆”或“依”，意思是设在门与窗之间的屏风，但还不是像屏门那样，放在固定的地方。屏门是屏风的变体，在挡风和屏遮视线方面与屏风有共同之处。

在里院北边廊子通向耳房前的小院处，也常砌墙，上开屏门。在仅有厅房，周围无墙无窗的花厅院子里，通往两侧的门也是屏门。

倒座房

倒座房其实就是南房。可为什么不直接叫南房，而叫倒座房呢？这是相对于北房也就是正房来说的。正房是一院的中心，是长辈或院子主人住的地方。按照礼制，其他人就要听他招呼才对。相对于正房，南房的位置正好倒过来，正房是坐北朝南，而南房是坐南朝北，故名倒座房，这是等级制度的观念在作怪。

倒座房一般都不如正房讲究，很少有廊，前院也不大。可美术馆东街 25 号四合院的前院却极宽敞，甚至上马石也安置在这里。倒座房对面的过厅竟有九间之多，而且前后都有廊子，少见！什锦花园 19 号也是，上马石安排在二门左右，倒座房与两边的走廊相通，而且也有廊子。

垂花门

实际上应称二门。一来是因为它是由外院进入里院的门，相对于街门是第二道门；二来是因为作为二门，它的形式很多，不止垂花门一种。如护国寺梅兰芳故居，其二门就较简单，二门内是一座木制仿砖影壁。至于垂花门，它只能算是二门的一种。但由

西四北三条 19 号四合院垂花门

于二门的建筑中，垂花门最讲究，而且种类也多，所以，垂花门几乎成了二门的代名词了。

垂花门大体上也分为屋宇式和随墙式两种，以前者更为多见。屋宇式垂花门又分为两种，简单的垂花门只有一个屋顶，大型的有两个屋顶，称“勾连塔”或“一殿一卷”式，就是朝外的一部分有屋脊，后半部没有。

垂花门，以其精湛的工艺、精美的造型、精巧的设计，成为四合院中重点装饰的部分。它既显示了主人的地位和情趣，又因在大门内不显山不露水，而显得格外稳妥。就拿前檐下垂不落地的短木柱来说，柱头雕成莲花形的垂珠或风摆柳形，有的为方形，上面有吉祥图案的浮雕。垂莲柱的历史悠久，在宋元符三年（1100 年）成书的宋营造法式上就有数处提到“虚柱”，而且有“虚柱莲花篷五层”的记载。这是佛帐的做法。

垂花门犹如一座极为华丽的砖木门楼，而从院内看，则似一座亭榭般的小巧屋宇。四扇常闭的屏门，像一道墙一样增加了垂花门的立体感。再加上屋顶、台阶、梁枋和檩椽戗、门枕石、梅花钉、抱鼓石、华板、望板、砖墙等基本构件，几乎集中了中国传统建筑的土木构件、装饰手法和建筑风格，从而成为四合院单体建筑中最精美的部分。

垂花门的建筑体量虽小，但其台基很高，台上是迎送亲友行礼的地方，给家庭主妇与女亲友的话别提供了极大的方便。妇女本来就爱聊天，临分手了还说个没完。用不落地的垂莲柱，地面宽敞多了。上有遮阳挡雨的屋顶，再加上华美的垂体门的衬托，气氛均极恰当。这正是旧时常说妇女“大门不出，二门不迈”的意思。另外，院中遇有大事，如举办堂会时，垂花门还可作为舞台。

从垂花门进内宅，无法直行。人们的目光也无法直接看到院内，这就防止了外来人过多地了解内宅情况。同时也避免了内宅妇人与外人的过多接触，内宅也因此而多了一些神秘。河北张家口一带管垂花门叫“闪门”。闪门之称可能着眼于“闪”字之形，就像“门”挡住了外人的视线一样。

从垂花门进入内院的路径有两种。较多的一种是右行转弯；另一种是从垂花门两侧入院，进入廊子（即抄手游廊，意为下雨天进院时，不用打雨伞，抄着手通过廊子就可以进入正房了。

廊

四合院中有无游廊，是四合院是否合乎规格的显著标志。廊成为房屋的重要组成部分，具有很重要的实用价值和艺术价值。

中国古代建筑中的廊很多。唐朝诗人杜牧的《阿房宫赋》中就记载过“复道行空，不霁何虹”“廊腰缦回，檐牙高啄”。这里说的就是古代的廊子。

在距今7000年前的浙江余姚河姆渡建筑遗址中，可见长屋前面有3米宽前廊的遗迹。而且，方形广场的四周，也是用巨大的廊子围成的。陕西岐山和扶风的西周早期宫殿遗址中，都有宽大整齐的廊子。历朝的宫殿、坛庙、园林、寺观、王府、住宅等建筑中，也少不了廊。

由于廊适宜人们漫步游走或徘徊观赏（如颐和园内的长廊），所以被称为走廊、游廊等。在四合院建筑中，游廊犹如一条长长的彩带，将一座座各具特色、功能独具的单体建筑串连起来，成为一个相互联系的整体。同时，廊本身的建筑形式也丰富多彩，有相当高的审美价值。

在四合院中，常见的主要是半面廊、凌空廊、两面廊、叠落廊等。

半面廊 半面廊就是一面透空，一面为墙壁，所以叫半面廊。这是四合院中廊的主要形式。垂花门内两侧的抄手游廊，就是这种形式。垂花门朝外一面两侧的看面墙，也就是半面廊一面的墙壁，常做得很精致，与影壁相似，使用磨砖砌法，也有的在白粉墙上开各种形象的灯窗，屋脊两端为砖雕的花草。这种廊子在北京四合院中很多，像东城黄米胡同5、7、9号的李渔所建宅院中，垂花门内的半面廊一侧的墙壁上，就是以砖雕的福（蝙蝠）、禄（鹿）、寿、松、竹、梅等饰物为主。西城屯绢胡同32号院中垂花门两侧，半面廊的一面墙上就开有什锦花窗，外镶玻璃，内中放灯，透过玻璃罩可望见外面的倒座房。但这种可通外院的窗洞（称漏窗）在北京的四合院中，大多只朝内院，不通外院，甚至只是一种装饰，不一定真是窗。礼士胡同129号的游廊也是这种，只是什锦窗周围还镶嵌着雕花的砖。什锦花窗的样子很多，分圆形、多边形、扇形、桃形等。

凌空廊 凌空廊并不是架在空中的廊子，而是说它两面透空，人在廊中能观赏两边的景色。东城赵堂子胡同3号院中，那条贯穿南北的走廊就是这样。它将东西两部分的八个院落组成一个封闭式的完整组合。尤其是北海、中山公园等传统园林中，这类廊更为常见。

两面廊 又叫覆廊，是把一道墙的两面都做成廊子，使园子内外区隔之处两面都是游廊，增加了游览路线的长度，扩大了园林的景界。两面廊最典型的，是王府井金鱼胡同内的那家花园。该园中的澄清榭建在一座高台之上，面东临着一座清水池塘。澄清榭两侧的叠落廊就属于两面廊。登榭的石级山道上，有一座抹灰砖墙将其一分为二，砖墙上有什锦花窗，两廊子是墁砖台阶，带木凳的游廊。游廊成为区分花园与住宅的分界线，池塘南面有个圆亭子，名叫“圆妙”，是登澄清榭山路的起点。

南海长廊

叠落廊 此类廊多用于有山的花园当中。人们在廊内拾级而上，既避免了下雨天挨淋，又可以比较从容地边赏景边登山，一步一景，景随步移。连接叠落廊的山顶建筑，一般为花厅，即四面无窗的敞屋，自然更利于赏景。其代表，除了前面提到的那家花园澄清榭两侧的廊以外，还有西四北三条11号四合院内的那一座。此院西为住宅，东为花园。园内东墙前堆有土山，上有叠落廊，因其曲折，颇为景观增色。叠落廊前为一座太湖石假山，东、西、北三面建有花厅，廊上施彩绘。

与叠落廊一样，建在花园中的廊还有一种桥廊，也就是在过河的桥上建有廊。桥廊可以遮阳避雨，可以供人休息，自然也是赏景的好地方。中山公园水榭前的桥廊就很有代表性。

厅 房

厅房，一般是指前后两面，甚至四面都开窗的屋宇。显然，这是与仅一面开窗的住房不同的。在四合院建筑中，厅房实在处于微不足道的地位。因为，很多四合院中并无此房。然而，厅房又的确有一些可说之处，因为它与四合院中的其他单体建筑相比，其形式、规模，乃至建筑工艺、装饰风格等许多方面，都有自己的显著特点。在笔者看来，厅房，更多地借鉴了江南园林的建筑风格，尤其在花园中，成为点睛之作。难怪北京四合院的花园中，多有花厅的影子，且各具风姿。

厅房一般分为三类：一是过厅，二是正厅，三是花厅。

过厅 就是专供穿行的厅房。像一些三进的四合院，常于正房的东耳房中辟出一间，作为通向后院（后罩院）的过厅。在东城鼓楼东大街255号院内，前院进入后院的通道，就是前院正房东侧的过厅。与一般四合院不同，此院前院新盖了北房，而不是在里外院之间建有垂花门。再有东城帽儿胡同 11 号院，也在第二进院子的正房东侧，有三间勾连搭的过厅，可通往东边的花园。第四进院落也与第二进相同，在东部建有一座勾连搭的过厅。这与院内的大多数为大式硬山合瓦顶的房屋相比，形成较强烈的反差。

正厅　从外观上看，正厅与正房大致相同，也是三间正房，两边有耳房。所不同的是，正厅不是院中主人的居室，而是全院的客厅，或作为走到后面去的过道。只是它不像过厅一样，开在院中的次要位置。前面所举的帽儿胡同 11 号院，第二进院的正中三间北房就是正厅，左右各带两间耳房，前有廊。再有东城什锦花园 19 号，前院北房也是正厅，左右各带两间耳房，门窗皆有铜饰。

花厅　花厅主要位于四合院的花园当中。按照清朝规划，除皇宫王府之外，其余人家，包括豪宦巨富，家中四合院不许建水池。但是对堆假山却要求不太严。于是，假山就成了花园中造景的重要手法。有了景就要观景。水景宜平视，山景宜远观。于是在山顶建一建筑，作为观景的重要场所，就成为四合院花园中常见的一景。

正房及其他

一个“正”字，充分反映出它的位置、权势、威严和气派。正房是北京四合院住宅中的主房，位于纵、横中轴线交叉点的位置。四合院可能不止一两院，但正房只能有一处，而且大多为三开间（王府等品级高者除外）。在封建社会，不仅正房的间数有规定，就是开间尺寸、装饰等也有规定。读旧书，关于正房，给人印象最深的，还是梁实秋的

郑亲王府正殿，面阔五间，歇山顶，垂脊兽七个，前出廊，五间全开门，前面没有月台，低于王府规制。王府正殿最大可以宽达七间，绿琉璃瓦歇山顶

那篇《疲马恋旧秣，羁禽思故栖》：

内院上房三间，左右各有套间（耳房）两间。祖父在的时候，他坐在炕上，隔着玻璃窗子外望，我们在院里跑都不敢跑……上房是我们非经呼唤不能进去的，而且是一经呼唤便非进去不可的。我们战战兢兢地鱼贯而入。祖父指着我手里拿的糖果问："你手里拿着什么？"我说："糖。""什么糖？"我递出了两根，一支黑的，一支白的。我解释说："这黑的叫狗屎橛，白的叫猫屎橛。"祖父接过去，一支咬了一口，要我们下次也给他买两支。下次听到糖锣响，站在院子里大叫："爷爷，您吃猫屎橛还是狗屎橛？……"

厢房不像正房一样居于正位，而且也不如正房高。厢房不重要并不等于说就一定窄。像民俗学家常人春先生儿时住过的旧鼓楼大街117号（今42号）内的东西厢房，间数各为三间，实际面积竟达七八十平方米！三间如果连通，比现在的中型会议室还大。常先生过满月时家里举办堂会，就是在东厢房唱的戏。

厢房内多以隔扇分成一明两暗或两明一暗格局，明间为堂屋，暗间做卧室。厢房也有耳房，但只是靠南边有，靠北边没有，东、西厢房的耳房都是这样。厢房的耳房叫盝顶。这是因为它的顶多为平台，就像盝（帝王玺印的盒子）一样。尽管它不一定都是平顶，但习惯上这么叫。

耳房位于正房两侧，东西对称，规模小于正房。因此，形象地称其为"耳"房。耳房一般与正房相通。檐下无廊，但有一小院，由厢房的北山墙，加上围墙，成为一个小院，有月亮门或屏门与正院柜通。讲究的人家在这块称为"霭地"的小院中略缀山石，置盆景，

恭王府后罩楼

或栽竹，在咫尺间充满山林幽静、花影扶疏的情趣。

后罩房位于全院的最后一进，横贯基地宽度，间数与倒座房相同，前有窄长院落。由于窄长，因此分为三段，墙上开屏门。虽然是仆人居住，或者放杂物之处，但由于地基较高，朝向好，所以居住条件并不差。后圆恩寺胡同 13 号茅盾故居中，正院后面的后罩房的质量，甚至在全院中最好。房内有木地板、木墙裙、宽大的玻璃窗，还有暖气、浴室、卫生间等现代化设备。而且后罩房的院落也并不太窄，又僻静，正利于写作和思考。这里是茅盾晚年生活和工作的地方。

北京的四合院位于胡同之中，往往东西相连，铺成一片。因此，不需要专门的围墙。只是在沿胡同的房屋有空缺处时，才以围墙连接，以求整齐。往往倒座房或后罩房的后檐就是墙。但为了防火，则要在两所住宅之间留出一定的间隙，形成环宅的通路，俗称“更道”，是供夜间护院人行走的。

四合院中的讲究

阴、阳是相互独立，又相互依存的双方，二者构成一个物质整体，阴阳和合；五行，即金、木、水、火、土五种物质，古人认为它们之间是相生相克的关系。由五行学说导致的风水理论，对四合院建筑有直接的影响。

朝　向

从文化背景来讲，这与《周易》思想密切相关。“圣人南面而听天下，向明而治”（《周易·说卦》）。所谓“向明而治”，就是“向阳而治”。由此形成了中国古代所特有的“面南文化”，就连地图上的方位也是上南下北，左东右西，因为它是以面南而立，用俯视地理的方法绘制而成的。至于建筑，也多是坐北朝南而建。

其实，这与中国所处的特定地理环境有关。中国处在北半球、低纬度，阳光大多数时间从南面照射过来，这就决定了人们采光的朝向。进而形成“面南”的意识。而风水中的“面南而居”理论，就是受这种地理环境影响所形成的文化模式。

此外，由于中国境内大部分地区冬季盛行偏北风，夏季盛行东南风，从一个侧面影响了“坐北朝南”模式的形成。在风水理论——这一功能性很强的环境模式的影响下，四合院建筑，也自然而然地以坐北朝南作为它的最佳选择方位。

这种房屋，在冬天的时候，由于中午的太阳偏低，阳光可以较多地进入室内，有助于提高室内的温度；在夏季的时候，由于太阳偏高，以及房屋出檐的遮挡，炎热的太阳光不至于直射到屋里。因而，坐北朝南的房屋可以收到冬暖夏凉之效。但是，如果宅基地不是坐北朝南，而是坐南朝北，或坐西朝东，或坐东朝西，怎么办呢？那就要采用“八卦七政大游年”的方法来选择门的位置和调整各房的吉凶了。

坐北朝南，处于正位的四合院，其大门都开在院子的东南角上。《周易·易轮坤凿度·立轮坤巽民四门》中指出：“巽为风门亦为地户……万形经日，二阳一阴，无形遁也。风之发泄，由地出处，故曰地户。户者，牖户，通天地之元气。”简单地说，八卦中的巽位，为通风之处，它就像房屋的窗户，可以通天地之元气。另外，中国的传统建筑还格外重视排水的通畅。四合院由四面房屋包围而成，中间为院子。那么下雨时的雨水如何排出？由于四合院的地势在总体安排上往往是西北高，东南低，水自西北向东南流。这样一来，东南角的排水作用就凸显出来。就有利于排水角度来说，院门开在东南角也是必要的。

不仅如此，北京城的排水系统也是体现的这一思想。明清时期北京城内的水系，就是自西北方的积水潭水关入，自东南巽方的通惠河出；明清时期北京紫禁城内的金水河，则是自神武门西侧的地道入，自銮驾库东南巽方出。

过去四合院中普遍的做法，是将厕所安排在院子的西南角，或者安排在外院的西小跨院，或是里院西南角，走廊拐角处的盝顶。

在中国传统的风水理论中，厕所的安置，是一个重要的内容。一般安置在房屋的次要位置，不要正对房门，不要处于风口上，也不要正对后门。为此，八卦中的煞位（西

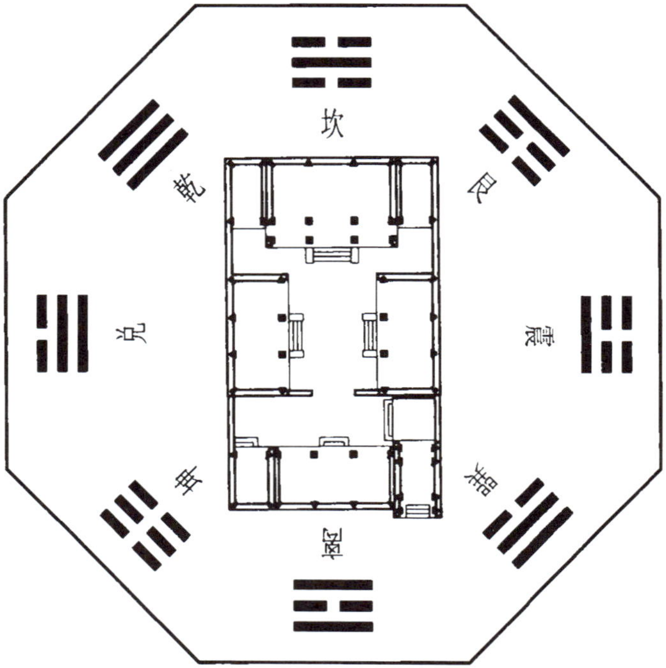

四合院格局与八卦布局

南角，据说此位有白虎星）就成为最佳选择。一来，此角比较隐蔽，一般少有人涉足；二来，在八卦体系中，煞位一般是有可能带来凶祸的地方。在此设厕所，用人们排出的污物秽气压住它，不失为一个以恶治恶的好办法。而且据说这样一来，还可以去祸添福呢。古人认为，如果厕所安排的位置不当，有可能带来多方面的问题。比如，在八卦中“生”方设厕，就可能打破吉星，大大不利。厕所不宜对前后门。厕所破旧者也会带来疾病。宅前有粪池会生痔疮，“来脉没厕痘疮死”（佛隐：《风水讲义》，引自《阳宅撮要》卷一“厕”）。

参观鲁迅在阜成门内西三条21号的故居，发现院内厕所不在西南角，而在前院的西北角，原因可能是西南角并无独立的小院，且其房屋与南屋相连，为来访客人的临时住处。这样一来，厕所只能安排在比较僻静的西北角。尽管如此，还是基本符合古人的设厕原则的。因为，正房后面有宽敞后院，厕所并没有设在后院。

按照风水理论，厨房的安排，要体现“坐煞向生”的方位，即“灶座宜坐煞方，火门宜向宅主本人命之生、天、延三吉方”（《阳宅撮要》卷一）。古书中，还专门规定了许多方位不能有灶。否则，人或牲畜会因此而生病。

依照上述理论，四合院中的厨房，常安排在东房的南面一个房间，或北面的房间，或者干脆设在院子的东北角。相应地，四合院中的餐厅也多安排在东屋。总之，只要厨房位居东侧就行。这样安排，一个最能体现上述原则的说法就是“东厨司命”。这是坐煞向生的另一种说法。

四方观念

为什么四合院中的格局是四周建房中间为空地的四合，而不是三合，或干脆建成一排一排的样式?

简单地说，这是基于古老的“天圆地方”的学说。《周易·说卦传》：“乾为天，为圆，为君为父。”“坤为地，为母，为方。”“圆”，象征天上之万象变化不定；“方”，象征地上万物各有定形。在对宇宙结构的认识方面，中国古代最早出现的就是“天圆地方”说。这是与当时人们的肉眼所能观看到的范围和水平相联系的。不仅在建筑方面，而且在政治、伦理、日常生活等很多方面“方圆意识”都在发挥作用。在政治上，讲究“体圆法方，其国必昌”。在礼制方面，表现在两种最重要的礼仪玉器上，“以玉作六器，以礼天地四方”（《周礼·大宗伯》）。

在建筑方面，典型代表就是位于景山前街的皇家宫观——大高玄殿内的那座“轮元阁坤贞宇”。此建筑为两层楼阁，上面为“轮元阁”，圆攒尖屋顶，覆以蓝琉璃瓦，象征天；下为“坤贞宇”，方形，覆以黄琉璃瓦，象征地。在明代，楼内曾供奉道家的诸多神像。

北京的四合院建筑，是以民居的形式来体现“四方”观念的典型。既然四方，那在一个院子中，当然要在四面都建成房，这样，中间自然形成一个院子。而按照五行理论，土居中，所以，四合院中为土地，且正中位于全院的中心。所谓“地方”是说方形的地有四个边、四个角，正与地（东、南、西、北）、四隅（东南、西北、东北、西南）相吻合。在四合院的四个边、四个角都有所布置，这就形成了整体的和谐。

门户尺寸

中国古代的风水观，认为建筑物的门户在沟通天地造化方面具有神奇的力量——

通气。也就是说，如果把四合院比喻成一个人，那么，院门就是他的咽喉。可见，如何造门，造多大门，如何安门，已成为一件举足轻重的大事。门户制造得体，顺应天地造化，那么，就能同人们生存其间的“气”和谐相处。否则，必会带来各种噩运。故先贤制造鲁班尺，来裁定门的大小。这尺又叫门光尺，还称八字尺，尺上有八寸——财、病、离、义、官、劫、害、吉，财、义、官、吉四者为吉，病、离、劫、害四者为凶。采用这神尺上的吉寸做门，就会吉祥如意，光宗耀祖。

确定门的尺寸除用鲁班尺外，还有“一白”“八白”等。后者来自木工通常所用的曲尺，一尺为十寸，开门高低，长短度量，皆可以通过鲁班尺的裁定来解决。“须当奏对鲁班尺八寸，吉凶相度，则吉多凶少为佳。”因此，门的高和宽要取数吉祥，就必须既合于鲁班尺，又恰好压在曲尺上的“一白”“八白”之上。两套系统双双制约，更加神异其事。

“泰山石敢当”

清代褚人获的《坚瓠余集》中讲了一个故事：

娄门那个地方一户姓李的人家要建楼，木匠忌妒他家的富有，就要施厌胜术，刻了个肩扛枷锁的小木人，偷偷地埋在门槛下。显然，这木匠是要通过这个小木人来诅咒李家。可是，正当木匠往门槛下埋这个小木人的时候，恰被李家主人发现，问他在干什么？木匠慌了，就说，这枷叫作走进娄门第一家。后来，李家真的发了财，成为娄门一带最富有的人。在上述故事中，木匠本来是想给李家带来祸害的镇物，由于他不得已说的祝福话，竟然转祸为福。

此后，在门下埋镇物以避凶祸的习惯沿袭到了近代。于是，北京的大户人家，常以一种带有神秘性的东西，置于全宅的主要位置，用于镇压百邪，拔除不祥。大体算来，用于镇压的物品分为三类：

第一类，以文墨书画等文化类物品为主。如钟馗像、大幅中堂“福”字，“善”字、“神”字等。取“一福压百祸”“一善祛百邪”“一神辟百鬼”之意。尤其是出自高僧、道士之手的此类字，更是人们所追求的。

第二类，以“七星宝剑”“青龙剑”等为主的古代兵器。如果是武士当年在战场所用的剑与刀，则更为理想。

第三类，取佛像、道经、佛经、神符等供养，亦能抵制“邪怪”，以正压邪，令邪恶见而生畏，不敢进宅作怪，从而起到镇宅的作用。

早在远古时代，巫术就以石敢当作为镇物，属于古人一种石圣崇拜。泰山是中国人心目中的神山，五岳之首，压倒一切。“石敢当”三字之前加“泰山”二字，或表明此石来自泰山，或借以象征具有泰山神力，能抵挡任何邪恶的侵袭，无疑，这比一般石敢当更显威力。以后，泰山石敢当就成了一种民俗，体现在民间传统居住与建筑方面。唐宋以来，宅第大门口常立镌字“石敢当”“泰山石敢当”的小石碑，或将石嵌砌墙体，用来镇鬼压灾。

宅内布局

风水理论在宅内布局方面也有所要求。其中心思想，就是讲究坐势、朝案、向道，以符合“气”的活动规律。尽管气的活动看不见摸不着，但它对人的影响却很大。“凡属以天井为财禄，则以面前屋为案山。天井润狭得中，聚财。前屋不高不矮，宾主相称，获福”（《阳宅撮要》卷一）。这一思想，就要求从整体上安排，要后屋比前屋高，成主从之势，既利于采光，又使后面房屋视线不致受阻。同时，以左右两侧的厢房为护卫，中设天井，错落有序。

风水理论同样涉及室内的布置。以床为例，风水书中对安放床的具体要求是：“凡安床当在生方，如巽门坎宅。”就是说，在整个一栋房子当中，应把卧室安排在生气方位，如坐北向南的“坎宅”，东南方（巽位）是生气方。《阳宅撮要》也说：“安床之法以房门为主。坐煞向生，自然发财生子。”“床怕房门相冲，以一屏风抵之乃佳。”意思是要把床安排在生气方位的房间里，床本身的摆放应“坐煞向生”。另外，要避免梳妆镜或衣柜镜正对着床。因为镜子的作用是反射，这必然造成人体中气的分散，影响身体健康。尤其夜间阳气弱，最怕镜子对着床。

坡形屋顶

四合院中的房屋，大多为两面坡形，只有一些次要的房屋，像东、西厢房南侧的小屋，常作为厕所，堆杂物，或作为用人的下房，只有这样的房屋，才是平顶，行话叫盏顶。这是为什么呢？有人说，这是因为北方冬天寒冷，夏日酷热，有这样一个坡顶，房内再糊上顶棚，从而形成了一个过渡空间，有利于调节室内温度。这话并不全面。《周易·系辞大传》说：“上古穴居，后世圣人易之以宫室，上栋下宇，取诸大壮。”什么是大壮？大壮就是乾卦在下，震卦在上的卦象。其下方的四个阳爻“—”象征着栋梁；上方的两个阴爻“--”象征着铺在椽檐上的茅草。若用最早的阴爻符号“∧”来表示，恰似一座

南海坡形屋顶

从侧面看去的房屋。就大壮卦所象征的自然现象而言，上面的震卦象征着“雷”，下面的乾卦象征着“天”，震卦为动，乾卦为健。好比天上雷声阵阵，风雨交加，而下面的房屋刚健严实，风雨不透。这正是人们对房屋寄予的最大的希望。人类的祖先也是按照这一理想来修建房屋的，把这种方法延续了几千年。

至于院子的门楼也修成两面坡形屋顶，那也是因为源于《周易》的说法。“艮为山……为门阙……为阍寺”。在这里，“艮”象征着山，有阻挡、阻碍之意。“阙”为门楼，高高耸起，其形似山。“阍”为守门人，“寺”同侍，是后宫的内侍。这句话说白了就是，门楼之所以要修得像山一样，为两面坡形，是把它当作守门的侍卫，以阻止闲人进入。

上文介绍了四合院中有关方位、布局安排的一些原理。事实上，老北京人的住房说头儿很多，像不喜欢倒下台阶，认为那样是进门跳坑；忌讳院子呈刀把儿形；既不愿四不靠，又不愿紧挨着庙；有钱人不住东南房；院子里不能种松柏树和杨树，后院不种柳树；门口的摆设要成对，等等。

以上关于传统文化与四合院建筑、生活相互关系的介绍，汇集了几千年来中华民族认识自然、适应自然、改造自然的丰富的智力成果。拿今天的科学原理来衡量，也许符合，也许不符合。尽管如此，有一点是肯定的，就是四合院强调环境对人的影响，并力求营造一个适合人类生存的环境。而这也正是我们今天所追求的目标。因此，对其进行认真地鉴别、借鉴，就显得尤其重要和紧迫。

从官宦宅邸到大杂院

本书前面对四合院的分类仅仅限于它的规模。实际上，这种规模本身所体现的就是等级制度。在这里，再对其做进一步介绍时，将侧重于居住者本身的社会地位来谈其与四合院的关系。因为在中国封建社会里，人的衣食住行均需要与等级相对应，否则就是逾矩，是件非常危险的事情。比如说，和坤在位高权重之时，房子盖得再多，他在表面上也不能采用王府的形式。所以和坤的家富而不贵，这体现的就是一种等级。等级所反映的，是经济上的差异，更主要的是政治上的差异。

紫禁城

紫禁城的四合院形式更讲究，它所体现的，正是四合院的本质特征——礼制指导下的人的等级制。因此，紫禁城中的这些四合院，既是四合院形式的极致，也是四合院本质的集中体现。

中国封建社会的“礼”，不仅是一种思想，而且还是一系列行为的具体规则。它不仅制约着社会的伦理道德，而且也制约着人们的生活行为。《礼记》中关于古代礼制的体现——建筑形制的规范与要求，在紫禁城内的四合院建筑中同样得到了十分具体、细致的体现。

紫禁城内究竟有多少个四合院？它们的情形是怎样的？这是一个从四合院角度来谈故宫时不能不说的一个问题，同时也是难以用一句话说清楚的问题。

首先，虽然整个皇宫都是为封建统治阶级所使用的，但在统治阶级内部又划分为不同的等级。此外，还有为他们服务的奴仆、匠役和兵丁等。因此，这些为不同等级使用的建筑，自然在形体和装饰上会有很大不同。

一般来说，故宫中的主要建筑大致可以分为四个等级，最高一级的当然属于皇帝直接使用的。其特点是，一般在中轴线上，分为庑殿顶或歇山顶，黄琉璃瓦，贴金双龙和玺或龙凤和玺彩画。

其中，太和门内以太和殿为主的广阔庭院，可以算紫禁城内最大的四合院，占地56万平方米，这在全国也是绝无仅有的大四合院。院内正面雄伟的太和殿高踞于三层汉白玉台基之上，站在殿前的平台上放眼望去，院中无一障眼之物，十分广阔。应该说，只有这宽阔的庭院，才更能体现出建筑物的宏大气势，给人一种震撼力。

太和殿作为这座庭院中的主要建筑，高达35米，是紫禁城中独一无二的单体建筑，也是北京城中绝无仅有的庑殿建筑。试想，不许在城内起楼的封建社会，坐在殿里差不多就能望见四周的北京城，犹如站在景山顶上向下望的感觉。这种地方自然只有皇帝才能占有。这本身也可以说是独一无二的。所以说，太和殿的崇高气势，正是皇权至高无上的象征。也可以说，太和殿就是按照皇帝的形象来建造的。而周围的厢房、宫门，其形象有如跪拜、遥望太和殿的大小官员。尤其是三层台基上排列整齐的栏杆柱头，更像

故宫全貌

林立的侍卫，威严地守护着皇帝的宝座。

除了皇帝以外，皇后、皇太后所用宫殿也属于这一等级，但规格都是大为简略的。而仅次于皇帝、皇后这一等级的是东西六宫妃嫔的宫室。它们大多紧靠中轴线，均为歇山顶、黄琉璃瓦和黄琉璃瓦剪边，多用旋子彩画和苏式彩画。

东西六宫位于紫禁城中皇帝生活使用的后三宫的两侧，平衡对称。这十二所院落多为四合院的变体形式。不仅格局近似，而且建地面积相同，每座宫院都是一个深广各 50 米的方格。前殿、后殿、配殿、附属建筑，自成一个单元，幽静、典雅、华贵。除西六宫清后期有所改建以外，差不多都是两进院落，分前殿后寝，东西配房，不设倒座房。四周围以院墙，前殿正座，用于日常起居和接待拜见，规格高于后殿。后殿两侧建侍从值房，两厢身后留有更道。

院内挖有小井，供生活和消防之用。前殿除东六宫的景阳宫和西六宫相对的咸福宫为三间，东六宫的承乾宫、永和宫五开间有抱厦以外，其余均为五开间。房内设屏风宝座一份，各殿分隔形式各异，有的在隔墙上开门，有的是隔而不断，或用碧纱橱，或用落地花罩，或用栏杆罩、炕罩，再加挂灯、多宝格等陈设，把一排五开间分隔得层次重叠、丰富多彩。

在西六宫的后面，有一座称为漱芳斋的别致院落，是乾隆皇帝小时候住过的地方。它为一个前后室相连的“工”字形建筑，前室面阔三间，通过穿堂到后室。后室的中部是皇帝或太后进膳的地方，西侧室内有一座小戏台，形似方亭，这是在皇帝、太后进膳时演戏专用的地方。

1922 年冬天，梅兰芳被邀请来到漱芳斋，为一位尧太妃过生日演戏助兴。这次的堂会戏从早晨就开始，开戏先演《跳灵官》，算是承应戏，由富连成戏班的孩子们现排的。

梅兰芳借这个机会，从化装的耳房隔着窗户，望见堂屋中间隐隐约约有三个老太太坐在一个小榻上，东边靠近窗户侧身坐着一个戴眼镜的少年，这就是常在报刊上见过照片的溥仪。

那天，梅兰芳与姚玉芙、姜妙香合演了《游园惊梦》，一出台，就望见戏台飞檐角两边各悬着的一串很长的电灯泡，这就是“庆成灯”，有典礼时才挂的。而在梅兰芳刚开始表演之际，从屋里缓缓走出一位很有气派的女孩子。敢在这十分庄严的环境中随便走动的，当然只能是刚娶进宫的皇后婉容了。

在紫禁城，属于第三等级的是那些在皇帝身边供职的官员办公的地方。从建筑规格上看，大多为硬山、悬山或卷棚房顶，苏式彩画也比较简单。

武英殿位于紫禁城午门内，太和门西侧。它与太和门相似之处，就是前面都是金水河。只是太和门前有五座桥，而武英殿前有三座桥。清朝入主中原以后，顺治皇帝住在乾清宫，而摄政王多尔衮就曾以武英殿作为他理事之所。这颇有象征意义：它与太和门并排，在太和殿前，似有压一下太和殿的意思。但因为它不在中轴线正位上，所以显得名分不正，从而意味着未来的不幸结局。而“武英”两字又恰好说明了其占有者的出身。

武英殿并非一座形制规范的四合院，因为在这个由四面墙围成的院子内，居中的是一座“工”字形的建筑。不过，这种布局方式源于元代，当时的四合院中的正房恰是这种情形。武英殿内的设施也正好证明了这一点。它前后两座殿堂中，前后各为三间，后殿名曰敬思殿，有一处高台，上有三间小殿，称浴德堂。该堂的后面有一座土耳其式建筑，平面呈圆形，内壁用白色琉璃砖砌筑，上有透明穹隆顶。据考证，这正是元朝时期元大内留下的建筑。

乾隆时期，武英殿成为宫中修书处，清朝的大批图书就在这里编辑、刻版、刊印。

而上面提到的浴德堂，正好用来作为熏蒸书版的车间，而浴德堂周围的其他建筑，被用作修书、刻书的办公室和工作间。在紫禁城内，像这样用于为皇帝服务的官员办公室的院落并不太多。

更多的官员用房大多依附于皇帝办公、生活庭院的一侧或外侧。像乾清宫所在的大四合院的西面，从乾清门向西再向北排列，依次为敬事房、南书房、内奏事处、批本处、懋勤殿。敬事房是总管各处太监事务的办事处。南书房是准备解答皇帝关于文学问题提问的词臣值班室。内奏事务处负责办理呈给皇帝的公文……再比如九卿官员等候皇帝召见的场所——九卿房，位于乾清门的东侧，等等。清朝末年赫赫有名的军机处，其办公处在内右门外西侧红墙根下的一排板房，很简陋，谈不上四合院环境。乾隆年间，对这排板房稍加修饰，换上了黄瓦。军机处设军机大臣、军机章京。为了保密不再设其他下属人员，即使是抄写文件等事务性工作，也要由军机章京筹办。军机处有专人把守，任何人不准靠近。

当然，属于那些低级官吏、兵丁、匠役、太监、宫女使用的附属用房则比军机处还要低，唯一例外的是在养心殿外有一座作为太监值房的小四合院，院内房间的规格虽低，但屋顶铺了黄色琉璃瓦。这可能是因为此处位于皇帝经常召见大臣和居住的地方，为保持建筑的整体协调和华丽而设的。

与之相反，紫禁城内众多为皇帝及其亲属修建的四合院及其他建筑，却极尽奢华之能事。如主要用于皇帝举办御经筵的文华殿、用于存放皇帝服装鞋帽等用品的乾清宫东庑房等。

总之，作为封建王朝的最高统治机关和核心，紫禁城在总体设计上的指导思想，是与众多的四合院的设计指导思想完全一致的。其特点之一是封闭性。英国女王住的白金汉宫可以定期向游人开放；唐宁街10号英国首相官邸就是马路边的一座楼房；美国总统可以在白宫外的玫瑰花园草坪上召开记者见面会……然而，与西方首脑住宅的开放性相反，中国皇帝则是把自己紧闭在深宫内，轻易不与人见面。像清朝末代皇帝溥仪，自打3岁进宫到19岁出宫，16年间就没出过紫禁城。表面上看，他过着养尊处优、吃喝玩乐的生活，打网球、弹风琴、养洋狗、骑自行车，还可以派人从上海购来大批的玩具，以供消遣。可从青少年的正常发育所应有的环境来看，这位万岁爷则可算是个可怜的少年。在宫廷森严的礼仪制度与内务府的控制下，这位少年几乎没有什么人身自由可言。这种制度与紫禁城作为大四合院的内敛式、封闭性格局有本质上的内在联系。

难怪溥仪出宫以后，在接受天津《大公报》的采访时表示："余极愿为一自由人，长此困守深宫，举动胥为礼法束缚，余甚难堪。此次出宫，为余夙愿，今始克偿，故并无其他不便之感。"这表明，从深宫中走出来的末代皇帝竟有鸟出牢笼的畅快感，并未恋及宫中锦衣玉食的生活，可见其被封闭之甚，对自由的渴望之甚!

不仅走出深宫的溥仪有此强烈的欲望，而且时代的变革也督促着四合院所代表的文化要实现一次根本性的变革。道理很简单：四合院所代表的文化体现出一种严重的封闭性。而这种封闭性必然导致狭隘和排他。排他就体现为拒绝、偏执。这种情节，对于日益走向一体化的世界潮流来说，无疑是一种倒退，是一股逆流。

王　府

"北京的住所一般都是由一个或若干个四合院组成。比较大型或中型的住所，它的形式包括两个或两个以上的单体四合院组成复合体。这种‘高级住宅’的建筑规模大，质量也更加考究，往往还带有花园。高级多院型建筑现存的有几十处私家宅园和几十处王府”（金寄水、周沙尘合著《王府生活实录》）。

这是自小在睿王府中长大的金寄水先生对王府建置的体会。而周先生在他写的这本书后记中进一步指出：“清代的王府规定正门五间，正殿七间，后殿五间，寝室两重，各五间。除这些中轴线上的院落外，两侧还有跨院。布局像紫禁城的皇宫，只是规模要小得多。”

在这里引用的金先生和周先生的王府介绍文字，可以让我们对清代的王府从规置上有这样两点认识：

第一，它是由多重四合院构成的，属于四合院的复合体。它除了比一般的四合院在组合上更复杂以外，往往还带有花园。第二，属于这种“高级的多院型四合院”的不仅有王府，还有私家宅园。但王府与私家宅园有明显的区别：一方面，它在形制上像紫禁城，只是规模小得多，这方面有明确的规定。而私家宅园也许很大，房间很多，但绝不可能像王府一样有银安殿等王府专有建筑。屋顶也不可能覆琉璃瓦。另一方面，私家宅园的所有权无疑是属于私人的，顶多分为房主和租用人两类。而王府不同，在产权上，府和王府都是皇产，统归内务府管理。一旦撤了爵位，就要相应地撤府，再分给别人。而且对“府”的称呼也不能随便用。《大清会典・工部》中有明确规定：“凡亲王、郡王、世子、贝勒、贝子、镇国公、辅国公的住所，均称为‘府’。其中，‘亲王、郡王’称王府。”

由此可见，王府作为一种特殊形式、特殊级别的四合院，它既近似于一般意义上的“大宅门”，同时又因为与朝廷皇族的某种特殊联系而体现出一定的政治意义和明确的等级特征。正是由于王府是介于皇宫和封建官僚士大夫宅邸之间的一种独具特色的四合院形式，所以才值得我们来特别地关注。

之所以说王府是缩小了的紫禁城，主要是因为这里的主人往往拥有仅次于皇帝的社会地位。体现在建筑格局上，王府内的正房称为“殿”，这是除了皇宫外都不能有的，包括世子、贝勒、贝子住的府。称为“殿”的正房一般称“银安殿”，这让人想起皇宫中的正房“金銮殿”。只是金銮殿屋顶铺的是黄瓦，而银安殿屋顶铺的是绿瓦。在它以下的建筑（包括府）就只能用灰瓦了。银安殿中设有屏风和宝座，这一切都是仿照金銮殿的样式。所以，看上去很像一个缩小的宫廷。

不仅如此，王府内的中路形制都是相同的，只有东西两路可以有所不同。而相同的中路形制一般为：王府大门坐北朝南，一律要高出地面，屋顶下为无门窗的“门罩”，亲王府门五间，郡王府门三间。府门东西各有角门一间，供人出入，而府门平时不开。外面是石狮、灯柱、拴马桩、影壁等。进府门，迎面就是银安殿，也是亲王五间，郡王三间。台基很高，约 1.5 米。除非举行大典，一般不开，出入均须绕东西甬道。殿后为小殿，又称二府门，东西各有房三间。二府门东面竖着一根祖宗杆子。二府门正北就是神殿，均系五间，两旁各有东西配殿。神殿的东间是亲王、郡王及其袭爵者合婚的处所。神殿北面通称后楼，有供奉先人物品的“遗念殿”。

“北京之王府，是从 12 世纪以来，一直占据着主要地位的四合院而发展起来的，它的规模、样式，以及装饰，都是按照封建社会的‘礼制’建筑的，等级差别十分严格”（《王府生活实录》后记）。据《明史》记载，明代府第制度规定，亲王府的门楼饰以青绿点金，廊房饰以青黛。公主第“施花样兽脊，梁栋斗拱檐桷彩色绘饰”。公侯第“用金漆及兽面锡环”。一品二品官第“屋脊用瓦兽，梁栋斗拱檐桷，青碧绘饰”。

十多年前，笔者因去一位生病的同事家探望而第一次到普度寺。当时的普度寺已成大杂院民居，原有的建筑仅剩下了末一层的大殿。给我印象最深的是，一进院门就上坡，最高处即为大殿，内部隔成了若干小间，屋外堆着杂物和做饭的煤炉、气罐。从院内出来，绕过它的后身时发现，普度寺的末层大殿居然建在三四米高的砖墙上，虽然残破，但仍给人一种威严的气势，从这里走过，仿佛一座山一样向人压下来。

2002 年第一场冬雪之际，我又一次来到普度寺参观。只见这里已修饰一新。原有的末层大殿依旧，外面新修了山门，院内芜杂零乱一扫而光，在山门与大殿之间，是一条宽宽的石砌甬道。东西两侧新栽了一些树木，还砌了花池。

由于下雪，寺前面的建筑工程已基本停工，周围很静。由于普度寺的台基很高，所以周围的平房屋顶都只能位于它的脚下。加上白雪覆盖其上，尖尖的房脊犹如一座座小山。远处的北京饭店和紫禁城，都淹没在灰暗之中。此时我站在山门前向北望，虽然距离大殿好几十米，可看上去仍然气势夺人，巍峨壮观。一时间，我竟有置身故宫太和殿前平台的感觉。

细想起来，我这种感觉并非空穴来风。因为清朝初年顺治皇帝的叔叔多尔衮任摄政王期间，其王府就设在这里。他不仅强娶了皇帝的母亲为妻，而且独揽军政大权，这里实际上成了清朝入关后的“政治中心”。在他死后，顺治帝出于夙恨，以谋逆罪剥夺了他的爵位，他的后人被从这里赶了出去。康熙三十三年（1694 年），这里改建为玛哈噶喇庙，80 年后，又被乾隆皇帝赐名普度寺。凭着当年多尔衮的权势，把自己的王府建成紫禁城的气势并不是一件难事。在这里，我切身体会到了“王府就是缩小了的故宫”的意味。

在北京城，大规模地兴建王府起于明代。但由于年代久远，明代王府的样子已经看不到了。现存因明代王府而留下的地名中，包括什刹海附近的定阜大街和第一商业街——王府井等。

在明代，王府井大街称“十王府街”，或“王府街”。其具体位置，就在今帅府园胡同至王府井大街南口这一段。永乐皇帝之所以在这里修十座王府，实际是缓兵之计，先让这些人得到点好处，免得给他的迁都计划制造麻烦。当时这十座王府，平均每座有房屋八百多间，其规模可谓大矣。以清代的紫禁城为例，其房间实际数为八千多间。就在明朝的首都由南京迁到北京不久，宣宗继位后，又在这十座王府近旁修建了三座公主府。如今，在紧挨王府井大街的西侧甜水井胡同，就有一口原本位于王爷府中的水井，井上盖有一座精巧玲珑的六角亭子，井口是一块大石头凿的圆口，所以井沿很高。

到了清代，由于此处靠近皇城，看管甚严。加上清代八旗住房制度规定，只有八旗贵胄才能在内城居住，因此，十王府街开始冷落。尽管如此，王府大街的叫法依然保留了下来，至今已有两百多年的历史。

在清王朝存续的二百多年里，共分封了100位宗室，100位满族贵族，50位蒙古族贵族，70位汉族贵族。其中，蒙古族贵族基本上不在北京设府，还有一些在未成年时就已夭折，余者基本上为每位一府。这样算来，清朝时北京先后应有各种府邸270多处。这些王府大多建在内城，少数建在外城。据《宸垣识略》记载，乾隆年间北京的王府情况是：亲王府19座，郡王府11座，合计30座。

孚王府是清代王府中的典型建筑，位于东城区朝阳门内大街137号，人民出版社对面。同治三年（1864年）该处被赐予道光皇帝第九子孚郡王为邸，俗称“九爷府”。该府占地面积广阔，府内布局共分三路，中路主要建筑富丽端庄，造型合度。正院西侧为生活区，由数个四合院组成；东侧系府库、厨房和马厩及执事侍从房舍。后罩楼后东、西两侧有自成格局的小院。东小院内万堂绕廊，布置得体，装修典雅，环境怡人。

醇亲王府是一座世袭罔替的亲王府。自清朝同治以后，醇亲王府共有三座。第一座是在西城的太平湖（今中央音乐学院），第二座是在后海德胜桥畔，第三座就是位于文津街的未完工就下马的那座。

第一代醇亲王奕䜣是清朝第八代皇帝道光的第六个儿子，于咸丰九年（1859年）由宫中分封出来，来到太平湖新府。这里是一处风景优美的名园，“天府平流十顷，垂柳数章，夕阳衔堞，水影涵楼”“俯檐弄嘉禽，出沼窥文鱼”（李文忠诗）。后来，因为弈譞的儿子成了光绪皇帝，此处成为潜龙邸，醇亲王已不能在此居住，于是搬到了后海北岸。此后弈譞的儿子载沣袭爵。这座醇亲王府以“恩赐分玉河水入宅”而闻名，为此还建起了“恩波亭”以纪念。府内的风景之美有诗为证：“平泉花木翠回环，相国楼台占此间。”以后，载沣的儿子溥仪成为清朝的末代皇帝，这座醇亲王府又成了潜龙邸，还得搬家。

新建的醇王府（实际应称摄政王府。因自年幼的溥仪登基当上皇帝以后，其父载沣就被封为摄政王）自溥仪上台的当年开始施工，陆续建起了中路宫门、御道、正殿、后罩楼，西路大圆宝镜院、十海尘静院、西花园，东跨院，以及南部的马厩和值班房等，计划建房1546间，用银206万两。此府装修极为奢华，仅电灯就安装了587盏，占当时全城电灯总数的近2%。此工程一直持续到宣统三年。这年正是1911年，中华民国正式成立。载沣被迫辞去监国摄政王之位，仍居原醇亲王府。未竣工的王府交奉宸苑继续完成，成为袁世凯任总统期间的国务院办公处。1918年徐世昌任总统时改为总统府。1924年以后又曾是陆军部、海军部，以及北平市政府的办公地。1949年以后，成为国务院的办公区。其中的西花园改为西华厅，是周恩来总理生前的居住地。这里共有三座木桥，下为湖水，称莲花池。正面为一敞厅，石板桥、点景的扇形游廊等，后为点景三卷房，后院又一湖及抱厦房。

清朝第一代和硕睿亲王多尔衮的王府，即后来的普度寺，是第一座清代的睿亲王府。乾隆年间，多尔衮的后人被恢复了睿亲王的封爵，由其五世孙世袭，其府改赐在石大人胡同（今东城区外交部街）的原饶余亲王府，改名为睿亲王新府。

关于这座王府的形制少有描述，只知有房数百间。《王府生活实录》一书中留有一张睿王府示意图，可见其昔日之豪华。如今，该王府由北京第 24 中学和北京第 124 中学合用，可以想见其占地之广。可惜王府原有建筑中除神殿改为礼堂外，余者荡然无存。唯一关于这座睿王府的记载，说的是 1924 年王府因借贷而生活难以维持，在此情况下法院将王府的房屋全部查封，从此睿王府归了别人。1939 年，最后一代睿亲王在贫病交加中死去。据金寄水先生回忆，1922 年的腊月中旬，睿王府的东角门内随侍处门前，停放了两辆从盛京（沈阳）来的大车，装满了从东北辽中、辽阳等睿王府的封地送来的各种生活用品、山货土产、野味海鱼等，此外还有“折银”约两千两。而在早年间，每到这时来送货的大车要有八辆呢。可因为王爷没了地位，所以庄户们也敢不听他的了。平时吃惯花惯的公子哥们，只能靠祖上留下来的家产挥霍了。

这种情况并非睿王府一家独有。就拿豫亲王来说，作为清太祖努尔哈赤的后代，也不免沦落到出卖祖业房产的地步。如今的协和医院，就是由美国石油大王收购豫王府后，在其原址建的。

再比如位于太平桥大街路西大麻线胡同的顺承郡王府，在世袭 15 位“铁帽子王”后，也靠出租王府度日。最后，被军阀张作霖以 7 万块银圆的价格强行收购。据顺承郡王文葵之弟瀛生先生介绍，就连这 7 万块银圆也没全给，文葵曾数次讨要，均无结果。出卖王府几乎是诸王后人无法逃脱的必然下场。

礼王府

郑王府西仙楼

新中国成立以后，这些王府大多为机关单位使用。随着近年来对文物保护的重视和旅游开发的需要，恭王府、醇亲王府、孚王府等已经或即将对外开放。鉴于北京现存的这些清代王府不仅在建筑形式上，而且在文化内涵上，都有其独到之处，倘若其中一部分能作为旅游景点开放，使游客在参观这些建筑的同时，还能看到王府昔日的生活，诸如婚庆、礼仪等内容的表演活动，从而使人产生身临其境的真实、独特的感受，将是展现北京京师文化的一种很好的方式。

官宦宅邸

位于东城礼士胡同的129号院是一座令人瞩目的宅院——院门外是一面长长的、有着精美砖雕的院墙，大门两旁的八字影壁上也雕满了砖花。从大门进入院内，正对的是雕梁画栋的垂花门，两旁为石麒麟。二门里是两个由回廊连接起来的并列四合院，廊内什锦窗四周也是精美的砖雕花饰。往东走，通过一条小巷，是一坐西朝东的垂花门，内为精致的花园，厅、池、花木，和谐自然。

偌大一座宅第，不知曾住过封建时代的哪一位高官显贵，为一座典型的官宦宅院似乎无疑。其实不然，它不过是一座建于清末，并于民国年间大兴改造过的仿古建筑。

那么，真正的士大夫府邸是什么样呢？简单来说，比起一般四合院来，显得更大、更精致，且往往带有花园。大到什么程度？跟王府差不多。可与王府比还有区别，一是不一定像王府那样规制，比如王府都建有银安殿，而士大夫府邸则没有； 二是没有皇上的御赐名号。但论起舒适、讲究的程度来，兴许一般的王府还比不上呢，比如和珅的宅邸就是如此。

东四六条的63号、65号，就是一座较典型的官宦宅邸。其主人崇礼曾做粤海关监督，捞足了银子。加上他的女儿嫁给了醇亲王奕譞的七子，即光绪的弟弟，所以又算是皇室的姻亲。因此，崇礼从粤海关监督任上退下来后，即开始大兴土木，建起了这座栋宇华丽，不是王府胜似王府的官宅，号称“东城之冠”。

此宅共有三座街门，分别为东、西住宅区和中间的花园区，内部皆通。东、西两住宅区均由数进大院和跨院组成，东宅为主，规制稍大，并与花园组成一体。在东宅，北房前出廊后出厦，装饰精致，内部的房间隔扇上，为清代著名书法家邓石如题写的苏东坡诗词，东院的小跨院中还有假山、凉亭，由此与中部花园组成了一体。花园内，有假山、凉台、游廊，山前月牙河相绕，山上建有戏台。与其相对，北侧为一面阔五间的大厅，匾额“定静堂”三字系光绪帝之师翁同龢书写。如今，该宅除花园略有改变以外，其根本布局未变，主要建筑保存完整。

不过，在清朝末年，最大、最著名的士大夫宅邸，还得算那家花园。那家花园在王府井大街的金鱼胡同，从东到西，几乎占了路北的一条街，座座院落并列相连，真可谓“甲第连城”。

查《清史稿》，那桐，字琴轩，叶赫那拉氏，内务府满洲镶黄旗人。光绪十一年（1885年）举人，由户部主事历保四品京堂，授鸿胪寺卿，迁内阁学士。光绪二十六年（1900年），兼总理各国事务衙门晋理藩院侍郎。义和团期间，他曾奉慈禧之命，前往丰台抵抗八国联军。八国联军侵入北京，听说东坝附近是义和团聚集之地，慈禧欲派兵去镇压，但在那桐的劝说下没去。在慈禧逃往西安避难期间，特任命他为留京办事大臣，随李鸿章与侵略者议和。和约签订后，他又被派为特使，前去日本谢罪，由此发迹。光绪二十九年（1903年）任户部尚书调外务部兼步军统领。以后又有升迁，多次调动。时人称那中堂、那相国，

那桐

成为显赫一时的人物。宣统三年，被任命为军机大臣，授内阁协理大臣。进入民国以后，他因病长期卧床，69 岁时逝世。

上述履历表明，那桐是清末的一位重要人物，尤其是在清政府的对外交往中，曾发挥重要作用。那家花园的发展，与他的经历有直接的关系。

那桐是光绪十二年（1886 年）搬到金鱼胡同（原称金银胡同）的。最初购得的住宅并不大，只在大门内的门洞里悬有“太史第”和“乡举重逢”的匾额。以后，随着他不断擢升，所购住宅迅速延伸，曾先后三次大兴土木，陆续向东西两侧扩充，最终形成了南起金鱼胡同，北到西堂子胡同，东到米市大街，西达今台湾饭店，占地 26 亩，房廊三百多间的庞大建筑群。

邓云乡在他的《北京的四合院》一书中说：

> 过去，人们由东安市场金鱼胡同门出来，顺胡同往东走，走到近二分之一的地方，路北有个派出所，正对南北长街“校尉营”，一直可走到协和医院、东单三条。这条南北街与金鱼胡同成“丁”字形。过了这个派出所，继续往东走，路北便是一派长墙，并不很高，但都是磨砖对缝，雕梁画栋，十分精美，而且很新。这一大片蓝汪汪逶迤二百多米长的房屋，就是“那桐花园”。但如仔细观察，却又有一个不解之处，就是既然是一所大府邸，并没有王公府邸那样的大格局，没有正院和跨院，也没有五间或三间的高大府门，而是隔不远一个街门，有三四个大同小异的街门，基本是广亮大门，府内则是一系列东西相邻的大四合院，从外表上看，不像是权贵的府邸，而像是几家人家的大四合院。

如果了解了那桐的上述经历，邓云乡先生的这一疑虑就不难解释了。所谓街门多，正是因为左右扩展的结果。因为它的后身就是西堂子胡同，不可能南北扩，只能东西扩，又是不断扩，所以难成大的格局，而是一个一个的四合院，至于新，那是因为，那家花园的最后一次扩建，是在 1902 年。

那桐为什么要在金鱼胡同建宅呢？分析起来可能有三方面的原因：一是这里离皇宫近，几乎毗邻皇城城墙，所以上朝方便；二是这里离东四、隆福寺、东单等商业区不远，有利于购物；三是那宅南面为贤良寺，这对于信佛的那桐来说，与那里的和尚交往容易。而且，李鸿章就住在寺内，议政、拜访可以就近。特别是后来东安市场的形成，更证明那桐在此建宅的正确。

那桐购得这些宅院后并没有大拆大建，只是拆除了各院之间的院墙，代之以曲折迂回的游廊，将各处院落、房屋组织成一个整体，并形成多组大小不同、风格各异的建筑空间。这一手法，的确有些特别。

从布局来看，统称“那家花园”的这片建筑包括：最西端的马号、西大院、两座并列的四合院（西为主院、东为居住院）、怡园（一座十分开阔的四合院）、花园和东大院。下面分别介绍。

马号是一片很开阔的大院子，是养马、存放车轿和仆人居住的地方。另外还是冬季存放花木的暖洞子，即花房。此处的房屋很乱，无布局可言。1949 年以前，这里陆续盖起民房出租，成为大杂院。1951 年 2 月，为迎接亚洲太平洋和平会议在北京召开，政府决定在这里修建和平宾馆。那家以部分房屋作为投资，成为和平宾馆的董事。目前，这里仅剩一棵粗壮的国槐和一口井，井水早已枯竭。

马号东边紧挨着的院落，那家人叫它“西大院”。建筑格局完整，进门处为一排顺街南房，往北进垂花门，东西为抄手游廊，北房三间带耳房，为接待贵宾的地方，曾有不少历史上的风云人物光临。此院的西北墙外，是一座带前后廊子、红色瓦楞铁皮顶的洋式房子，东西向，为一大自然间。这座房子是后来那桐花园对外开放后，供出租举行宴会的地方。内有西式家具、西式餐具，并附有西式厨房。在这座洋房的南面，是一座布局紧凑的四合院，恰与西大院的敞亮、宽大形成鲜明对比。室内是西式装修，款待过外国公使。此院的西边还有一座小跨院，内有一些群房。此大院在民国以后，曾被北洋政府海军部租用，作为联欢社使用。后因欠债日多，无力偿还而退出。1951 年 7 月，兴建和平宾馆时作为办公用房收购。

在西大院的东侧，是两座紧连的四进大宅院。基本格局相同，都是沿街南房、前厅房、垂花门、三间北房及东西耳房、东西厢房、后院及最后边的后罩房。

在这两座四合院中，靠西的一座为那家祖孙三代及亲眷的住处。那桐之孙张寿崇先生，儿时就住在后罩房内，兴许是怕干扰前院长辈的缘故。后罩房共有三间。这座四合院的前院，还有东西两个小跨院，各有房两间。垂花门屏门两边有两棵古老的门槐。

过了这两座住宅式院落，再往东的一所宅院，名叫“怡园”，就是著名的“那家花园”。怡园有一座带砖雕门楣的八角门，“怡园”两个字就刻在上面。进了院门，仍是沿街的一排南房，前面用竹竿搭成棚架，下面种牡丹和芍药，迎面是宽敞的五间大北房，东接两间耳房，前有廊子，也很宽敞。前院的地面用砖墁成甬道，两边种有两棵大垂柳，以及海棠、丁香等植物。对面是五间前卷后廊子的花厅，即著名的“味兰斋”。花厅正门是玻璃隔扇风门，房内中间有八角罩，北面是龟背锦的隔扇，东边为木雕碧纱橱，西边是博古架，虽都为隔扇，但二者图案、结构迥异，并不雷同。味兰斋前后廊子上都有抱柱楹联。前面是“竹林诸贤相与俯仰，山阴之兴岂在古今”，后面是“万卷图书天禄上，四时云物月华中”。房后是一片翠竹掩映。

光绪三十四年（1908 年）3 月 27 日，权赫一时的人物张之洞、袁世凯、铁良、世续等人，应那桐之请，前来味兰斋赴宴。那桐晚年，也选择这里作为养病之所。

味兰斋的东侧，是另一著名建筑“澄清榭”。它坐西朝东，位于一个高台上，两侧有叠落的廊子，前面是一不规则形状的清水池。每到夏季，水中的荷花亭亭如盖，红鱼游于期间，院内花木葱茏，厅内凉风习习，甚是凉爽。这里的廊柱上也有一副楹联：“水流花开得大自在，风清月明是上乘禅。”这副楹联由楠木刻成，内嵌石绿。叠落廊设计别致，两侧是砖铺台阶，东边与它一墙之隔，则用青石铺成山路，颇显自然生动，墙上有什锦窗。

澄清榭是那家花园与住宅的分界线，西侧是木凳游廊，东边是花铁栏杆，外边是太湖石，隔着池塘对面叠石假山有三条山路可以登山。山顶有棵大榆树，树荫下是石凳，山后有座六角井亭（今尚在），为汲水注山石而建，山下有小木桥。澄清榭以东的院内，有用各色砾石镶边，再用各色石子嵌成图案的花石子甬路。

题名“水涯香界”的五间宽游廊，北临池塘，南有牡丹，因之得名。再北边是三间“凹”形的北房，因房前有两棵松树，故名“双松精舍”，是晚辈的家塾。池塘南面是个圆亭，叫“圆妙”，是登澄清榭山路的起点。

对着池塘有一座三面都是玻璃的三间南北向建筑，前面的走廊很宽，叫“吟秋馆”。廊子抱柱上的楹联是“有山可观水可听，于室得静亭得闲”，横匾为“空潭泻春”。抱厦两侧立着两块木化石。东行是“翠籁亭”，亭南有架藤萝，下摆长满青苔的山石盆景。旁边是“筛月轩”，为三间带廊平台房。房内有随墙门，可通东院。园内北端靠后墙与双松精舍相对，东边是五间带廊的大北房和东西耳房，为叶赫那拉氏宗祠。

东院俗称东大院，除筛月轩屋内随墙门外，还有一垂花门也可通行。这里也叫乐真堂院。乐真堂是东大院的主要建筑，带前后廊子，房间内极大，是带有五间大卷棚的七大间北房，南面又是很大的南客厅。院中还有假山石。整个建筑外面为中式，内则做西式装修，屋顶为高级的多枝镀金花电灯，地上铺着很华丽的地毯，前后大玻璃隔扇。屋内东边有个方形带柱戏台，上有倒挂楣子，下有栏轩。屋内中间以正搭斜交的半高木栏板来分开男女座。木栏板上，有万字浮雕。当年北京还没有高级宾馆时，这所房子曾经派过很大的用场。因为它在当时尚算新式建筑，加上地段又好，所以成为政治交际场所。

乐真堂台阶下左右两边各有一根铁柱花头电灯，中间甬路旁也有挂汽灯用的架子。院内种有苹果树和罗汉树等。南面有三间带廊子的房子，叫“遂初庵”，东面两侧有屏门，接着东西抄手廊子直通后罩房，墙上是什锦窗。乐真堂的后罩房是三间带廊子的北房和东西各两间耳房。

关于那家花园的掌故很多，尤其进入民国以后，这里几乎等于国宾馆，举行重要会议，接待名人无数。

东大院内的乐真堂是当年有名的“乐真堂戏楼”。屋内北边的隔扇可以打开，由技术高超的棚匠用杉篙苇席将戏楼座位扩延出去；演戏时的后台，就是北屋的东耳房；寿堂和接待客人的地方是西耳房；演员化装在后罩房。与其他戏楼不同，这里摆的不是带绣花桌围椅帔的八仙桌、太师椅，而是成排的靠背椅。在此演戏有个规矩，就是要为这院的主人——那家圈出地方，作为他们看戏的专座。

张寿崇先生记得，他小时候在此看过一次由梅兰芳、杨小楼、余叔岩参加的堂会戏，压轴的是三人合演的《摘缨记》。

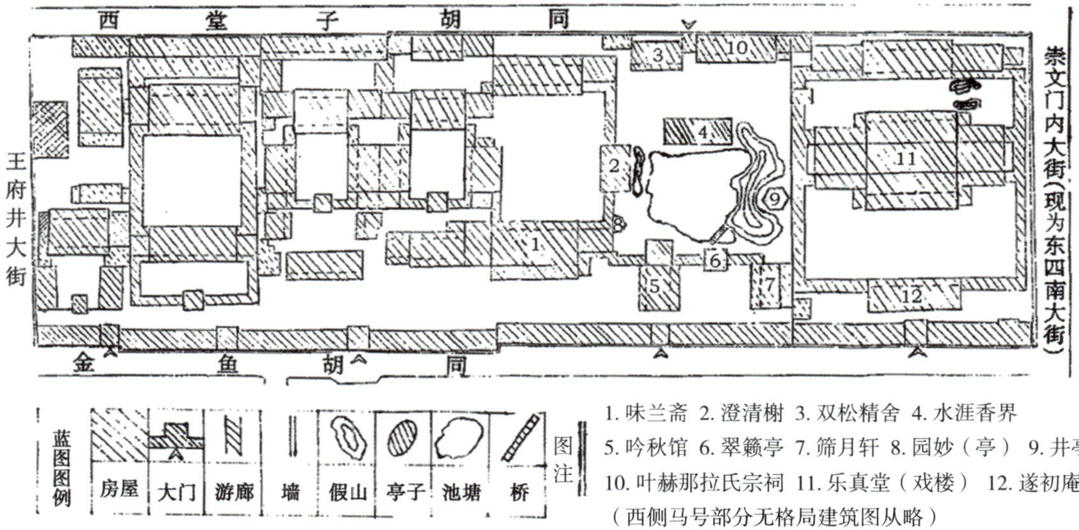

1. 味兰斋 2. 澄清榭 3. 双松精舍 4. 水涯香界 5. 吟秋馆 6. 翠籁亭 7. 筛月轩 8. 园妙（亭） 9. 井亭 10. 叶赫那拉氏宗祠 11. 乐真堂（戏楼） 12. 遂初庵（西侧马号部分无格局建筑图从略）

那家花园示意图

1912年夏末秋初，孙中山在京期间，曾连续三次来到这里。8月29日上午11点，他来参加了国务总理陆征祥、内阁部长赵秉钧等以国务院的名义举行的欢迎会。会上，孙中山致辞说："今天蒙诸君雅意款待，至于感激，惟望诸君辅佐袁大总统，以奠民国初基，鄙人实有厚望。"五天以后的下午，满族同仁会与蒙古联合会又在这里举行宴会，欢迎孙中山来北京。9月11日晚，清皇室派溥伦、载洋等人为代表，在这里设宴欢迎孙中山和黄兴。席间，溥伦代表隆裕太后致辞，说了一些景仰的话，最后说："咱们迎来了五族一律平等，国基从此巩固，皇室受福无穷。"接着黄兴致辞。这是当年那家花园最重要的一次宴会。

据张寿崇先生回忆，他家当年的管家王联五，具体负责使用此花园的接洽工作。使用的方式大致有三种：一是东西两大院都借，东院演戏，西院用餐，中间通过垂花门外对内宅无干扰；二是用乐真堂演戏和花园部分；三是只借用乐真堂一个院子。

根据他的记忆，有位上海糖果饼干厂的东家，就是借用乐真堂举行婚礼的。那天的戏台周围摆满了鲜花，台上还有作为贺礼的大小银盾。男方着黑色大礼服，女方披白婚纱，台下餐桌上是丰盛的糕点糖果。

如今，金鱼胡同的那家花园仅剩下了一座翠籁亭和一口枯井，余者早已荡然无存，金鱼胡同也由一条窄巷扩建成了通衢。川流不息的中外来客，还有几人记得那桐建造的中西合璧的府邸和花园呢？

当然，上述提到的这种官宦住宅也在随时代而变化。比如说，那家花园开辟成跳舞场、京剧堂会戏的场地等。即使不对外开放，人们也在根据自己的爱好进行调整，就像东城的朱启钤宅和马礼堂花园一样。

大杂院

大杂院不仅是一种房屋布局形式，而且也是一种不同于独门独户四合院住家的居住形式。四合院体现的是一家（或一个家族）内部老少尊卑间的关系；大杂院则表现了不同职业、不同身份、不同经济条件、不同籍贯的各色人等共居一院时所呈现的繁杂多样的人际关系。

拿老舍先生的短篇小说《柳家大院》为例，这是一篇专讲昔日北京大杂院生活的小说，其中提到，在这座有二十多间房的院子里，居然住着多少家子都数不清。这主要是因为住了一年多的人家只有一两户，大多数都是今天搬来明天搬走；今儿住两间明儿住一间；况且大家一天到晚为生计奔命，没工夫扯闲话。因此，实际的住户情况恐怕连房东都说不清。

从职业上说，小说的主人公是算命的先生，“老王是给一家洋人当花匠，总算混着洋事”“老王的儿子已成家，是个石匠”“张二和我儿子同行，拉车”。以上这三家是因为住的近，扯得着，日常有些来往，至于别的住家就不好说了。但仅从这有限的介绍中就可看出这样几点：一是住大杂院的人家大多为下层人士，或做小本生意，或靠卖力气吃饭，顶高层的，也超不过小科员或小学教员去。二是居住条件大多窄仄、拥挤。像《柳家大院》中的人家，几乎没有住两间的，可“就凭那么一间狗窝，一月也要一块半钱”。三是经济条件、居住条件的拮据必然导致精神压力大，心情压抑。在这里，全然没有居住在四合院中人家的那种闲情逸致，和睦恭谦，鸟语花香。二者间的差异是如此之大！究其原因，老舍先生的话一针见血：“铜子不平等，什么也不用说。”

离老舍先生对大杂院的这些描述过去十多年，新中国成立以后的北京，穷苦人的居住条件也随着社会地位的提高而发生了根本改变。

笔者的姑母是新中国成立后兴建的国有大工厂招收的第一批女工，成家后很快就分到了职工宿舍。虽然也是平房，但屋内四白落地，宽大的玻璃窗可以透进冬天温暖的阳光。职工宿舍是统一规划的，整齐干净。

即使依然住在大杂院中的人家，也是要么房间变宽敞了，要么整修了一番，至少夏天不再漏雨了。这主要是因为很多人进国有或集体的单位上班，有了固定的收入，改变居住条件也就成了顺理成章的事。

进入21世纪以后，这种局面正在迅速改变。尤其对这些传统民居的改建与保护问题，政府也已做出了明确的规定。

有学者指出，把大杂院与四合院并论是对传统四合院文化的一种误解。因为一门一户的院落一直是明清时代北京人居家生活的空间格式，虽然这当中也存在着房屋的租赁或自有，房屋的大小、间数的大小等差别。而大杂院的历史很短，也与四合院文化少有相同之处。四合院的相对独立与封闭，以及它所体现的礼制秩序，被大杂院生活所产生的粗俗、猜忌、不文明、不方便等情形所代替。四合院所构成的一大家子人的天地，不被人打扰的宁静气氛，随之消失。

先得说明，此处所说的四合院，更多的是指四合院的极致——大杂院。不同的是，这些大杂院往往就是由四合院演变过来的。只是由于社会变革，很多大四合院，包括几进的和院套院的四合院都易了手，成为许多进城不久的大机关的干部宿舍。作家梁晓声1999年春天写过一部中篇小说，题目叫《顺嫂》，讲的就是这方面的事。

人民美术出版社50多年前刚成立时，曾在东单附近的无量大人胡同（后改名为红星胡同，现已拆除）内的一座老式宅院中建起了职工宿舍。当时的两位“小年轻”就住在后门旁的小房中为邻。如今，一位已经成为著名的书法家，中国书法家协会的主席；另一位也在花鸟画方面取得了卓越的成就，这位书法家就是沈鹏先生，画家是娄世棠先生。

回顾那段往事，沈鹏先生谈了他对这种所谓四合院的切身体会：“我们平常谈起，觉得那种不分青红皂白地认定四合院才够京味、够意思的人，最好请他到生活困难的四合院去体验一下。”

剧作家郭启宏在一篇文章中写道：“我居京近40年，前半段住四合院——实际上的大杂院，不是东房就是南房，俗云‘有钱不住东南房，冬不暖来夏不凉’，我箪食瓢饮，只好居陋室。冬天屋里生炉子，怄一室狼烟；夏天炉子移到房檐下，风雨又来添乱。更无奈的，几米远的角落，一扇破木头门略略遮着，那是院内的公共厕所！”“从院内看，绝无隐私可言，白天众目睽睽，无计相回避，夜晚鼾声若雷鸣，便溺声如钟鼓，些微音响穿门度窗，好一个‘锁闭式结构’！”仅此弊端，便足以叫人咒骂四合院了！

笔者儿时所住的院子隔壁是一家大单位的宿舍，有好几进院落。除了一位局级领导住的五间大北房有百多平方米、显得颇为宽敞外，大部分都是住两间房一户的，三间一户的几乎没有，有的还是一间一户的。这有点像刘心武《钟鼓楼》那篇小说中介绍的，张秀藻的爸爸是一个部里的局长，所以才能住在这院中条件最好的三间北房，而且家里还安了电话。可就是这样，一家人上厕所仍然要穿过两进院子，到街门对面去上。张局长一家只是在落实政策后短时间住在这里，很快就分到了新盖的楼房。以后，大杂院成了纯纯正正的“贫民窟”。

然而，比起四合院居住环境的窄仄来，精神上的挫败感更加令人难忘。萧乾和丛维熙的经历就证明了这一点。他们两位经历的四合院中的生活，比起沈鹏先生前面的叙述更显得刻骨铭心。

1949年，萧乾回到了北京，在新闻总署下面的国际新闻局工作，宿舍安排在石驸马大街，一座据说是民国初年的一个总理官邸的三进四合院内。为了照顾他的工作，萧乾被安排在后边的一个小院里，十分幽静。1951年，他又随机关搬到了羊市大街，住的宿舍院更加宽阔。这座阔宅原属于敌伪时期的商会会长。“走进那可以通过一辆马车的红漆大门，跨过垂花门，左右雕廊通到厢房，正房可以容百人跳舞那么大。分配给我的是有自用卫生设备的西厢房。最后一进才是原主人的卧室和客厅，后院是一座大花园。”后来因为他被打成了右派，住房待遇不断下降。他家住的房间换到了院门旁的西屋，紧挨着司机班。夏天，司机们常利用门洞的阴凉地开会。他们有时朗读报刊上批判萧乾的文章，夹杂着讥笑声。

再往后，萧乾搬到了交道口附近的一个院落，院子十分宽敞，正房五间，一半住了一位同事，东边的两间归了萧乾，中间一间隔开，一家一半。此时反右的高潮已经过去，萧乾在家里过了几天快乐时光。1958年大炼钢铁，干部下放，萧乾和妻子都去了农场。同时因为单位搬家，他新分的住房只是个堆家具的地方。到了“文革”期间，萧乾受到了更残酷的打击，家彻底没了。直到1983年，他家搬到了木樨地高知楼。就这样，四合院的生活与他那多舛的命运紧紧地联系在了一起。

作家从维熙的四合院生活更加令人不堪回首。他被打成右派去劳动改造，家中只剩了老母和他的幼子。在此期间，他所在单位多次派人搜查了他的家，老母和幼子被赶进了一间小屋，原有的住房被强占。最可惜的是那些曾是他灵魂的书籍，也因为糊口而被陆续卖掉。他那花费一个月工资、从信托商店买来的两个硬木大书橱，也因无处安放而被迫出卖。卖这书橱时正赶上“文革”伊始，当时没人买这东西。老母央求人家买下，劈了当柴火烧。而此时的丛维熙正在浪迹山西，随身携带的家什，只是搜查后留下的三本书。于是，连在窄仄的四合院中生活读书，都成为一种奢望了。

正因为如此，以后一旦有了机会，他们就立即放弃了生活多年的四合院，住进了水暖卫加天然气、热水俱全的楼房！难怪英若聪——有过多年住四合院经历的建筑学家，总要对研究四合院的人说：“你别把四合院说得那么好，我可受够罪了，再也不愿住我那四合院了。它哪里有院啦？！比走道还窄，死了人都搭不出去，还院哪！”

不过，有人依然喜欢四合院——不是现如今的那种实际上的大杂院，而是外观古朴、内装修现代，而且有曲径回廊、山石园林的那种。如果这么说，则是另一个话题了，不在此列。

通惠河畔的特殊四合院

通惠河是早年间从南方运粮食到京城的水上通道。通惠河在通州段曾有一座二闸，岸边住着为漕运服务的船夫、闸夫。他们居住的民居四合院很有特点。

表面看，这些宅院大多位于河的南岸，因此院门朝北，面向通惠河，显得很自然。再看院内布局，街门开在西北角，占半间，再加上两间正房，共计两间半。两边是东、西厢房。正房对面为穿堂房，共三间，两边住人，中间是通道。过去就是第二进院子，倒座南房三间，两边也有厢房，院落和房屋虽然都不大，但是典型的四合院。

如果二闸边的四合院不过如此的话，那也就无特点可言了。而要说明这里民居的特点，先得说说它的作用。因为这里民居的独特之处正是为了适应闸夫、船夫们借干漕运之便“搂草打兔子”而设计的。这些相对独立的小四合院间，在内部都相互通行，往往进入一家前门后，眼看走到尽头时，住房跟前一拐，经过一段夹道，又到了另一家的院子。这么七拐八拐之后，也不知串了几个院子，简直像入了迷魂阵。乍一进来的外地人连东西南北都找不着。

就说临街一面的窗户，也与其他地方不同。其基本功能是为运米方便。简单来说，就是平时没事的时候，窗台上的窗户好好的，偷来的大米往窗台上一放，窗户可以顺手推开，米口袋也就拽进屋了。所以，二闸人家的房子，不仅朝北开着窗户，而且窗户还很大，作用就在此。

偷来的大米一时半会儿吃不完，不能搁在明面儿上，怎么办呢？自然是转移到地下最安全。当然就算存在地下，也不能各家都是固定的地方。否则，查出一家不就把其他许多家也带出来了？怎么办？各院有各院藏粮食的地方。而且一般都在屋里，一是取用隐蔽不易被发现；二是避免放在屋外被雨淋。因此，有的人家挖的地窖在厢房内（哪间说不定），有的则埋在穿堂房（成天过人的地方，一般人不会想到地底下有东西）。当然，也有的反其道而行之，干脆就把地窖挖在当院，拿一个头号大水缸坐下去，上面盖上木板，表面覆土。

至于地窖的出口，当然不能开在易被人发现的地方。像位于屋内的地窖，或开在墙角，或隐在柜子底下，供桌下。这个出口不仅外形隐秘，而且绝不能告诉外人，包括刚进门的媳妇。往往是趁新媳妇回娘家的空当儿，才偷偷到地窖取米。只有等到新媳妇进门三年后，或者生了孩子，确信她已成为自家人之后，才可以告诉她米窖的秘密，并要她由此下窖取米做饭。

那么，偷来的大米就没人查吗？早年间的规矩是，在外头偷粮时被抓住绝不轻饶，而一般不会入户搜查。加上二闸人抱团，官府人轻易也不敢惹。

二闸附近四合院的特殊结构，正好见证这一段历史。

山间四合院：爨底下村

爨底下村位于京西的深山峡谷之中，为全国罕见的古建筑群。其中有保留下来的74套四合院民居，已有500多年的历史。

爨底下村离北京城有90公里，海拔650米。村中一条东西向的石板路小巷，将全村分为上下两层，其间横贯一面弧形石墙，高约20米。这74座灵巧多变的四合院依山而筑，层层叠叠，错落有致，隐于群山、蓝天下的苍松怀抱，远远望去非常壮观。

早在明代，这里就是军事隘口，京西古道——黄草梁段必经之地，也是商旅休息和货物的转运站。交通上的便利带动了经济的发展，最终必然导致乡土文化的发达。无疑，这些特点都以不同的形式、不同的程度，反映在了四合院的建筑当中。

为了便利过往商旅满载货物的骡马队在这里歇脚、起程，一进爨底下村，首先映入眼帘的一座建在土基上的一字影壁上，就嵌有拴马桩，而影壁的北侧即为过往商旅提供食宿的一座建筑，称“双店院”，当地村民称为板搭门。

此院的门楼有专门供人进出和专供牲口进出的两个门儿。正对院门的正房为一明两暗结构，前后各有四扇大门，便于商旅出入。此院为一组并排的两进四合院，有房36间，门楼7座，连接着6个院落。建筑为板瓦顶，临街房正中开四扇黑漆大门，院墙内有两个牲口棚，拌料的槽子放在12米长的石砌台基上。

在爨底下村，早年间有三四家这样的骡马店，留下的店名有“瑞福堂”“瑞庆堂”等。

此外还有八家买卖铺子。想当初，站在村边黄草梁的古道边，白天可以望见马帮首尾相连的繁华场景，夜晚则是不绝于耳的驼铃声。

这里的四合院民居大多因地制宜，巧妙利用有限的宅基地，将平原地区几进的大四合院，演变成几个相对独立的各有院门的小四合院，中间留有夹道，供家族成员交往通行。在这几个相连的四合院外侧，环外以墙，体现四合院的封闭和私密性。院内方砖铺地，在院西侧等距离嵌六至八个石窝，中心有孔，专用于拴系牲口。

四合院的不规则性，是爨底下村民居的主要特点。比如位于全村地势最高处的广亮院，院内北高南低，相差五米，两进，东西并列三个相对独立的宅院，构成了一个大四合院，外有围墙。

而石甬居则为一组精巧别致的小院，由三组坐北朝南的三合院构成，小巧玲珑，布局严谨。城垣式门楼开在院子正中，体现了远离文化中心的人们不受礼制束缚的豪放精神。

在这里，平原地区纵轴展开的四合院布局变为了横向并列，大院内部相同，小院各有临街院门。这既有地形的原因，也是为了适合农村大家族兄弟间居住，避免穿院而过，走同一个大门的不便。

爨底下村四合院建筑的不规则性，还体现在房屋内部的结构安排上。有的厢房或耳房外表看是面阔两间，进深一间，但室内空间却根据地形而将后檐墙外扩，墙体呈多角形，借此扩大面积，还有的在陡坡前建房，先在低处发券建成小房，然后在其上填平夯实建房，既减少了垫地的工作量，又增加了建筑面积。而且院内普遍建有地窖用于储物，有用荆笆搭建成的凉棚，供一家人乘凉歇憩，上面还可晾晒农作物，以弥补场地的不足。

爨底下村的村民都姓韩，是在明朝永乐年间由山东移民而来的。因此，初期建房之际，经过了严格的规划，形成主次分明、排列有序的格局。其中，韩姓家族主要的一支占据中轴线，其他韩氏兄弟住家在其两侧依山而建。而且，位居中轴线上的建筑，用材考究，装饰华美。

究其原因，是因为历史上韩姓人有一段特殊的经历。话说清朝皇帝康熙笃信佛教，可由于贵为天子，自然不宜成为别人的弟子。于是，就去找替身，替他出家。当然也有录用标准：出身书香之家，与自己相貌相似（企图在佛面前蒙混过关）的人。正好村中有一位叫韩守德的人被选中，被派往京郊的龙凤寺出家成为替僧。从此，韩家几代人食俸禄，并且得到很多财宝，成为京西第一财主。而旁支的韩姓家族就惨了，财力上远不如主事的这一支，表现在居住条件上，大多为低矮破旧的茅草房。

前面提到的位于全村地势最高处的广亮院西路的宅院，即为韩氏家族中最主要的一支的长者住的地方。正房 5 间，面阔 15 米，进深 5 米，门前为条石砌成的平台，高一米多，共有 5 级台阶。室内青砖铺地，中间隔以雕花的壁纱橱，窗下为棋盘炕。

这些房屋不仅高大宽敞，而且装饰精美。像广亮院的广亮门，门楼面阔一间，磨砖对缝，门罩上透雕着牡丹花篮，墙腿石为平雕“喜鹊登梅”。就连大门两旁的门墩也很精细：中部雕牡丹、莲花，下刻瑞兽，平雕凸雕相结合。门洞的墙壁上绘有壁画，并有题诗。

北院东路四合院的后院，地势高于前院 5 米，在东南角开有随墙门，东西厢房门前围起了小小的平台。棋盘炕下砌有炕洞，内置炉子和调温闸板。

这里的民居装饰手法有四种：砖雕、石雕、木雕和壁画。砖雕用于戗檐砖及清水脊的盘子和影壁。石雕主要用于墙腿石和门墩石。木雕用于门窗、隔扇和门簪等。壁画及题字用于墙壁。民居装饰雕刻以花鸟为主，壁画则主要是人物。上述这些建筑装饰手法，单体建筑形式，以及平面局部，都表现了爨底下村四合院的独特风格。

无疑，有机会来这里探访，坐在老乡家的暖炕上，喝一碗新鲜棒楂熬成的稠粥，再听一段关于爨底下村的古老传说，将是一种探寻古迹、体验沧桑的难得的享受。

阳宅四合院

2002年秋天，在北京海淀区的东冠住宅小区，考古人员发掘出了一座明代中期的古墓。其墓室的壁画描述了墓主人生前及死后的生活场景，展示了明代富贵人家的四合院宅院布局，实属罕见。

墓室的北壁画面为一四方庭院，中间有座敞轩大堂，里面设有墓主人的牌位，气氛肃穆。墓室东壁画面中部又为一宅院，比前者更加深大，院内庭中有一座观景假山，两侧是繁茂的大树，周围有屋数间。紧挨这幅壁画，其南侧画面为一座高台、大顶、门窗紧闭的建筑，但屋顶有一天窗，估计是一座象征性的粮库。这面墙的对面，西壁上也画有深宅大院、银库等。此外，各面壁画上还安排有各种形象的侍童，长袍大袖，随时准备供奉主人用具。

在这里，主要记录着墓主人在阳间的生活情景。而依照中国的传统观念，人的灵魂是不灭的。至于生与死，那只不过是转换了生活环境，阳世移到了阴世。既然这样，无论阴世还是阳世，该享福时还得享福，一点不能马虎。何况，这种气派还体现着主人（无论是死是活）的权势、价值呢！于是，那些生前有权有势的人，死后也要不惜重金修建坟墓，大者如明朝皇帝的十三陵，清朝皇帝的东、西陵。不仅如此，后人还要为他在陵墓附近建阳宅，仿佛死者随时可能复生，接着享受原来的荣华富贵似的。在建筑学上，对于陵墓建筑（包括地上的与地下的）统称为“视死如生的艺术”。修建阳宅还有一个目的，就是为亲属定期前来吊唁、祭扫墓地时暂住。因为有地位的墓主人往往葬在城外风水好的地方，后人出城去吊唁要走很远的路，这对于那些大门不出二门不迈的女眷尤其不易。所以，来一次至少得住两天，歇息一下。同时也不妨借机游山玩水，踏青采花，享受一下大自然的清新。

在过去，有钱有势的人家在先人墓地建阳宅的就很普遍。而且，这些阳宅无一例外的都是四合院式建筑格局，成为一种功能特殊的四合院。无疑，这是对四合院使用功能的一种丰富。而且，这种功能在北方其他地方的四合院中是少有的。

在清代，皇帝的坟称“陵”，王爷的坟叫“园寝”。园寝的面积往往方圆几十里。其中包括坟（正称为“宝顶”）、享殿（供奉墓主人牌位和进行祭奠的地方）和阳宅，以及服务于园寝的侍者的住处等，当然也包括一些耕地。

末代皇帝溥仪的祖父，清醇亲王奕譞的园寝建在京西妙高峰下的法云寺山上。醇亲王墓坐西朝东，依山而建，由低到高，分为七层。在园寝的北侧，就是一座阳宅：“退潜别墅”。醇亲王生前经历了清朝末年的朝野风波，渐生厌世之心，唯愿隐居深山终老其生。这座阳宅的命名正体现了这层含义。

退潜别墅共有五进院落，每个院落都是四合院式格局。进门处为一座八字照壁，其北部是一座花园，曲径通幽，假山鱼池，还有“曲水流觞”式的亭榭，精致静谧。溥杰先生曾回忆说：民国初年，他和太福晋、福晋和六叔载涛等到妙高峰的妙峰山庙会途中，就常常住在阳宅。当时几位长辈都各自带着一批用人分占着一个院子。此外，阳宅还有东房和马厩等附属建筑。

不过，像醇亲王园寝这么大而显赫的阳宅毕竟不多。像密云县董格庄荣纯亲王园寝、丰台区大灰厂荣恪郡王园寝、房山区大南峪绘贝勒园寝、海淀区马连湾钧贝子园寝等，其规模就远非可与醇亲王园寝相比的。

拿大南峪绘贝勒园寝来说，它位于太行山余脉四面回环的一天然山圈之中的平地上。明神宗生母李太后曾捐资在此修建有天台寺。到了清朝道光年间，天台寺颓败，方袭多罗贝勒的奕绘，派府员求访茔地至此，因喜爱这里山林的幽邃，遂命人用府中采育地两千亩（多于天台寺地十倍有余）与天台寺僧换。

紧接着，奕绘与自己的侧室西林夫人共同设计，历时 5 年终于建成。虽然修建的是园寝，可最先完工的却是一座阳宅别墅。

园寝周围种了很多杨树，正门仿城门而建，只是规模较小，墙上有雉堞、望楼等，称“杨树兰”。进关后西向有石桥，下为近两丈深的山涧。过桥西行二百多步为供有绘贝勒、贺舍里夫人、西林夫人神牌的山堂。山堂后有左右两条马道，通向后面的垂花门，门内即园寝阳宅别墅。门内有抄手游廊，穿过去，迎面就是五间正房，上悬绘贝勒手书的“霏云馆”匾额。室前有月台，上面建有一座石制的日晷。它的功能不光是为了计时辰，同时也是一种身份和地位的象征。

由于院内游廊依山而建，所以不同于一般四合院内的抄手游廊，更能体现一步一景，景随步移的意境。因为透过廊壁上的缕窗，可以望见院外的山景。即使是缕窗本身，因其窗形各异，或方或圆，甚至还有梅花、蝙蝠、扇面等，也同样美不胜收。

霏云馆后面为阳宅的主要建筑——清风阁。本来这里的地势就比前面的建筑高，再加上又是两层小楼，雨沐清风的感觉自然更加特别。阁上下各有五间，两旁附有小屋。匾额也是绘贝勒手书。此外，阁上南北两面墙上还分别挂有“栖神宇”和“延年行馆”

两块匾额。无疑，这更加点明了主人对园寝阳宅的一种特别的寄寓。

清风阁的后面就是园寝宝顶了。在园寝周围，还种有蔬菜，畜养着牛羊。此外，还有平安精舍等景点建筑，无不清幽精雅，上面的彩绘，有些还是出自绘贝勒之手。周围掩映着新旧名木六百余棵。每至春秋佳日，鹂鸣树绿，婉转悠扬，递唱不歇。即使炎炎夏日，这里也是清风阵阵，毫无溽暑之忧。这比起城里的四合院，显然又略胜一筹了。遗憾的是，抗战初期，因此处成为战场，所以建筑大多被破坏，已旧迹难寻。

在昌平区东南的白坊村，村西的场院曾是明末清初小有名气的义王孙可望的墓地。他本是张献忠农民军中的将领，后投降洪承畴，被清廷诏封。清初到北京后被编入汉军正白旗，死后葬在这里。如今，墓地仅存几处灰土地基，隐约可见义王坟原有的宫门、享殿和碑亭。现在的村小学即当年义王坟的阳宅。同样，在京西恩济庄的李莲英墓地，其前面也曾建有阳宅，为二进四合院，院内的粉墙上还曾建有一座垂花门，门楼为清水脊砖砌，比较高大，附近还有小巧玲珑的方亭两座，陵园中遍植苍松翠柏，浓郁成荫，十分肃穆。

进入民国以后，在园寝中修建阳宅的风气日渐消落，尽管有钱有势人们的坟墓依然极尽奢侈之事。

四合院里的北京

四合院的美

建筑起了四合院组群，这本身就是一种艺术创造。四合院建筑就是艺术品。

从建筑角度看四合院

两千多年前，古罗马时代一位博学多才的著名建筑师维特鲁威，在他的《建筑十书》中，对建筑的三要素做出了明确的概括："坚固、适用、美观。"为此，他还详细分析了法式、布置、比例、均衡、适合等造型手段的作用和相互关系。在这里，美观不仅与坚固、适用一起成为建筑的三项重要组成要素，而且体现在多种表现形式上。中国人按照自己的眼光，运用上述造型手段，建筑起了四合院组群，这本身就是一种艺术创造。四合院建筑就是艺术品。

与其他艺术门类不同，建筑是通过线条、形体、色彩、质感和装饰等造型手法，利用比例、尺度、韵律、均衡、对称、层次、过渡、统一等形式美的法则，来完成建筑艺术的形象建造的。其对象包括梁柱、门窗、墙板、屋面、地面等实体物件。

当然，这种艺术创作是与特定的时代、地理环境紧密结合的，政治、民族、文化，尤其是经济对它的影响都很重要。建筑本身的形象性和象征性，就是上述诸多方面共同作用的结果，所以建筑艺术有着其他姊妹艺术无法比拟的独特优势，集中了绘画的全部色彩和线条，雕塑的装饰和纪念功能，诗歌的多重含义和说服力……

与此同时，建筑还有一个特点，就是一经建成，就将牢固地存在下去，经历着风霜雨雪，成为一部凝固的历史。这部历史像一位无言的老人，引导后人去体会逝去的岁月所包含的传统和文化。

建筑作为一门艺术，由实用艺术、造型艺术和环境空间艺术三部分组成，相辅相成，构成了和谐统一的整体。

近代学者夏仁虎在他的《旧京琐记》中有一段话，专门说到了北京四合院居室的实用之美：

京师屋宇之美备，甲于四方，以研究数百年，因地因时，皆有格局也。户必南向，廊必深，院必广，正屋必有后窗，故深严而轩朗。大家入门，即不露行，以廊多于屋也。夏日窗以绿色冷布糊之，内施以卷窗，昼卷而夜垂，以通空气。院之广，以便搭棚，人家有喜庆事，宾客皆集于棚下。正房必有附室，曰套间，亦曰耳房，以为休息及储藏之所，夏凉冬暖，四时皆宜者是也。

中、下之户曰四合房、三合房，贫穷编户有所谓杂院者。一院之中，家占一室，萃而群居，口角奸盗之事出焉。或识文字，或擅口才，若领袖然。至于共处既久，疾病相扶，患难相救，虽家人不啻者。

这两段话都不长，却说尽了四合院中各式房屋的特征及相互关系。20世纪90年代初，民俗学先辈邓云乡先生的一本《北京四合院》小册子，也从四合院的规模、结构、买卖等方面，介绍了四合院建筑及使用的往事。在他们的叙述当中，无不流露出对四合院建筑的无限眷恋和喜爱。依笔者之见，这恐怕与四合院在实用方面的尽善尽美是分不开的（当然，在科学日新月异的今天，这些善与美，在很多方面已变成不足了）。因此，今天来看四合院建筑的实用艺术，依然离不开对其具体内容的分析。

屋 顶

屋顶，是居住之所的“天”。四合院中的房屋常常有一个大屋顶，至少正房是这样的。在这里，大屋顶是地位、权势和尊严的象征。屋顶的高度，往往达到房屋全部高度的近一半。《老子》说：“九层之台，起于累土。”累土成基，同时也是积德的基础。而屋顶，则象征着成德，“功德圆满”。积德不足，功亏一篑，一个人在道德上就不够完美了。

所谓大屋顶，形象地说，就是将一本打开的书倒过来放，是“人”字形。行话叫“曲线斜屋顶”，表面为弧形屋面。除了上面提到的象征意义之外，还有实际的作用。战国时期的建筑专著《考工记》指出，这种屋顶的基本功能是“吐水疾而远”，也就是利用抛物线或双曲线的特性，达到迅速排水之功效。另外，北京地区冬夏温差很大，冬天气候寒冷，滴水成冰，手接触金属时，有被粘住的感觉。而夏天又溽热难耐，坐着都汗流浃背。在这种情况下，房屋的大屋顶，就发挥了其独特的作用。因为屋顶高，就在屋顶与棚顶之间形成了一个过渡层。冬天外面寒冷，经它的过渡，顶棚下面的房间内，就不会受到外面冷空气的直接侵害；夏天，则防止了太阳暴晒之苦，加上走廊上垂挂的竹帘子，把进入的热气，基本上抵御在外，房间里则凉风习习，舒适宜人。

曲线斜屋顶的构成，需要几道工序才能完成。这主要是通过几种建筑手法的处理，造成屋面交角的翘起。同时，在透视上产生生动的美感。整个垂脊舒展，屋顶在端庄稳重中不失舒朗飞动。

中国古代建筑屋顶的组合形式

四合院屋顶，在建筑形式上主要分成大屋脊、元宝脊、清水脊、皮条脊、鞍子脊等。从施工工艺来讲，除极少数平顶或“一面坡”（后面高、前檐低）的屋顶外，所有房顶都是两头低，中间高。因而，两头的墙也必然是两端下降，中间高起，从房子的侧面来看，这堵墙像山峰，故名“山墙”。山墙的顶部在与屋顶衔接时，样式各有不同。一般四合院住宅的山墙封住屋顶侧面，叫“硬山”。考究的房子的山墙与屋顶衔接处在顶部由屋脊处分两条脊，顺前后坡而下，直到前后屋檐。在屋檐处铺有瓦头（又叫瓦当）和滴水（反下的瓦）。山墙顶端与这一溜“滴水”连接处，再用细磨方砖镶一条边，叫“博缝极”，这就是十分精美的山墙，名叫“大式硬山山墙”。比这差些的，山墙砌到顶部，与房顶连接处，用砖砌成凸出三条棱的、状如等腰三角形的两条边，且稍下凹，再用青灰勾抹整齐，这叫小式硬山墙，一般四合院中常见，看上去简洁明快，古朴宜人。

关于屋顶，还有一个术语叫“勾连搭”，意思是前后两屋连在一起，相连部分呈天沟状，用以排水。这种形式的采用，常与占地狭小有关，但有时也与房间跨度大、进深深有关。垂花门的屋顶也常为“勾连搭”，一方面，是因为它跨着里外院；另一方面，这样处理也显得有变化。

在老式四合院，尤其是王府、皇宫等这类大型、超大型四合院中，其屋顶常装饰着高矮不同、姿态各异的小兽。它首先具有屋顶防漏的实用功能。因为这些小兽所在的部位正是岔脊、戗脊、几坡瓦陇的汇合点，须覆盖上脊瓦。小兽形的各种饰件既防止雨水渗入，又可装饰建筑。在装饰方面，先人还赋予它们各种不同的作用。屋顶上的小兽是等级的象征。因此，一般四合院的屋顶上是没有的。最高级别者，所用的小兽是龙、凤、狮子、海马、天马、狎鱼、狻猊、獬豸、斗牛、行什。垂脊前用仙人骑凤，它来源于大鸟救齐泯王的典故，起逢凶化吉的作用。其余小兽的含义为：龙，象征皇帝；凤，

宫殿脊兽

阿拉善王府上的“吞脊兽”

故宫东六宫一角

故宫养心殿俯瞰图

圣德之人；狮子，勇猛威严；海马、天马，吉祥的化身；狎鱼，海中异兽；狻猊，凶猛如狮的神兽；獬豸，性忠，能辨曲直，勇猛公正；斗牛，虬龙之一种，吉祥雨镇物；行什，传说中的神物，善行走，通畅之意。依次排列在屋角的这些小兽，象征着逢凶化吉、消灾灭祸、剪除邪恶、主持公道之意。

从房间内来看，除门洞、垂花门等次要房间以外，大多装有顶棚。一般用秫秸秆搭成支架，由檩子上挂下来，先用粗纸打底，再罩刷白灰或有暗花的专用纸。比这高级点儿的，像王府、官邸等处，也有用灰顶或天花板的。即便用顶棚，也是用木材做支架，既牢固，也显得更齐整。

墙　面

“四白落地”——这是四合院民居室内最常见、最理想的装饰效果。所谓“四白”，除了前面提到的顶棚之外，更重要的是，还有三面墙也要白，从上到下都白，俗话说“像雪洞儿似的。”北京的冬天一片灰蒙蒙的，难得有点儿鲜亮色。屋内的“四白”与屋外的灰色形成强烈反差，显得干净、平和。夏天，屋外盛开着花花草草，嫩绿鲜红。此时屋内的“四白”又是那么的闹中取静，一尘不染，古朴平和，与四合院整体的幽静气氛相呼应。可见，这“四白落地”实在是很有讲究的。

提到三面墙从上到下全白，这种整体效果并不等于说这面墙也像如今的水泥预制件一样，是一个整体。相反，它是用砖垒砌而成，这些砖有整有碎，砌出的墙也有各种样式。依用砖情况，可分为整砖墙、外整里碎砖墙、碎砖墙等；按照所起的作用不同可分为山墙、后檐墙和槛墙。

用整砖砌墙的方法也不止一种形式，从精美到简陋，大致分为三个层次：

磨砖对缝　这是整砖墙中最讲究的一种，是将砖浸过水后通体磨细，砌墙时砖与砖之间几乎看不见缝隙，用糯米石灰从中间缝隙中灌浆，使之浑然一体。

磨砖勾缝　砌砖时抹细石灰，对正缝，砖与砖之间的石灰缝成一条极细的直线。

磨砖打缝　也叫“磨砖打掂缝”。砌时比较粗糙，砌完后把石灰缝修理整齐，刷上青灰。

在四合院中，像后墙、山墙、影壁、垂花门两边的墙等，大多都是磨砖砌的墙。当然，这是指有钱有势人家的四合院，一般四合院可不行，磨砖墙很少，大多是不磨砖的，甚至是碎砖墙 。它们往往只在四周用新砖，中间用碎砖，砌好后，四周新砖如同一个边框，中间碎砖所砌，用青灰（或白灰）抹好，成一个镜心，灰白相间，古朴典雅。再不济的就全用碎砖，砌时不全用石灰，而用“插灰泥”，牢固度很差。砌好后再抹上青灰，甚至还画出假砖缝，也十分好看，但不结实。常见的北京民居小院的山墙、院墙，大多由这些碎砖砌成。像《四世同堂》中祁家的院墙就是这样，每年夏天下雨都会冲垮，然后再砌。

既然碎砖砌的墙在北京民居小院中常见，那么，这么多碎砖是从哪儿来的呢？首先是因为北京是几朝古都，差不多每次朝代更迭都是以战争作为过渡形式的，每次战争都会造成大批房屋的毁坏。豪门大户可以买砖新盖，大量的平民百姓就只能从碎砖瓦砾中去想主意。北京作为全国的政治中心，官吏来自全国各地。每有新官上任，必然要重修官邸，拆拆改改是免不了的，这也会产生大量的碎砖。北京人把由这种碎砖垒成的墙叫“四角硬”“穿道袍”和“棋盘心”。“四角硬”好理解，就是四围由整砖砌成，当中是碎砖；“穿道袍”就是在碎砖墙外头先用白灰膏抹平，再上三道青灰浆，干后画出砖缝来，就像外面穿了一件灰色的道袍。“棋盘心”就是“四角硬”的另一种叫法，“四角硬”还被称为“包砖墙”。

四合院中的房屋，其山墙尖部或墙的根部还往往有一块镂空的花砖，它们的作用都是通风。下面的是为避免柱根潮湿，上面的则是为调节室内空气。

地　面

古代的建筑多为干阑式，地面为地板，人们可以席地而坐。后来地板没了，人们也不再坐地上，地面的装饰就显得重要了。总的来说，室内外地面的铺设越来越讲究，尤其是园林地面，更是花式繁多。

老式四合院的房间和院子的地上都用砖墁地。房间内是平铺，有如砌墙的“磨砖对缝”的效果。这些铺地砖往往用生桐油涂过，上面还要打蜡。院子里则大多铺成“十”字形，以院中央为核心，分别通向四合院的四个方向。在“十”字分成的东北、西北、东南、西南四个方向的地面上则种树木和花草。无论室内室外铺的砖，都具有良好的透气性。

此外，还有几种铺地的方法：一是用鹅卵石铺墁的地面，门前、院内常用。用于园林者则杂以砖瓦、嵌成种种花纹，谓之鹅子地。二是石板地，用青石板铺砌的地面，常用于院中的道路。石板大小不一，甚至形式杂乱，砌成冰裂纹地面。三是园林地面，以整砖或断砖铺砌而成，根据砖的长短，量材而用，铺成人字纹、席纹、斗纹和方胜图案，极为雅致。球面式路面是用完整均一的瓦，先立砌成球纹，然后在其中嵌入鹅卵石，一般用于园林庭院。波纹式路面也用于园林、庭院，它是用残砖废瓦按其弧度厚薄砌成。六方式路面先用砖立砌成六方形、八方形及六方、八方的变体图案，然后在其中嵌入大小不同的卵石，形成路面。

乾隆花园内地面

砖雕、石雕与木雕

砖雕所用的水磨青砖是一种精心烧制的建筑材料，质地非常细腻。工序上先是画轮廓、分层次，然后是细刻。砖雕除了用于影壁，还用来装饰民居的门楼、门罩、门额等。石雕和木雕的程序大体相同，但石雕用于装饰栏板、华板、门枕（含石鼓、方墩）等，木雕布置于梁架、窗户、楼梯廊子等地方。

主要雕刻手法有平雕、浮雕、透雕三种。平雕是通过图案的线条来表现；浮雕、透雕则要雕出立体感来。浮雕的立体只是一部分，透雕则全部是立体的。四合院雕刻的图案，除几何图形等抽象的以外，还有以动物为题材的图案、花卉树木图案等。动物有用来辟邪的狮子，以及龙、麒麟、牛、羊、马、猴、鹿、松鼠、鸡等十多种图案。花木除了常见的梅、兰、竹、菊“四君子”外，还有松、柏、寿桃、莲花、石榴、葡萄、牡丹、葫芦等，象征吉祥、长寿、多子多福等内容。动物和植物也常出现在同一图案中，像牡丹与凤凰组成的“富贵吉祥”、桃和蝙蝠组成的“多福多寿”和松树和仙鹤组成的“松鹤延年”等。

上述不同装饰材料和素材的运用，把四合院内外装饰出多样的风格，产生不同的艺术效果，也展现了北京建筑与北京人的文化气质。

从木雕的艺术手法上分，包括圆雕、线雕、阴雕、剔雕和透雕等多种，这在《营造法式》一书中都有具体的规定。在北京四合院的建造高峰期，又增添了贴雕、嵌雕等新工艺。圆雕属于立体雕刻，经过糙刻、细刻，最后形成精致的纹饰。线雕为平雕的一种，即用刻刀直接将图案刻在木件上，犹如工笔画。阴雕，即将图案以外的地方全部平刻下去，

陈垣故居内砖雕

民康胡同 29 号大门外的砖雕

翠花街 5 号四合院墙上的砖雕

以托出图案本身。剔雕与阴雕有近似之处，即将图案以外的空余地方剔凿下去，从而反衬出图案实体。透雕的最大特点是要两面雕刻，刻出枝叶花梗间的遮挡缠绕、翻卷等形态，以达到栩栩如生的效果。最大特点是要两面雕刻。贴雕和嵌雕，是将雕出花纹的单面雕刻，贴或嵌在裙板或绦环板上。

从木雕的内容来看，基本上为花鸟、植物，少量的也有人物，甚至包括故事情节，如《三国演义》中的三顾茅庐之类。主题则全部为吉祥如意、福寿等，表达四合院主人对美好生活的祈盼。除了图画以外，书法文字也被广泛使用。

提到书法在四合院中的使用，首先让人想到的就是门联，特别是那幅最著名的门联：“忠厚传家久，诗书继世长。”这甚至成为辈辈相传的家训。像很多公共建筑上的题字、题诗一样，刻在院门上的门联也大多为楷体，又称正体，表示一种庄重、正规，同时也是为了好认。而行草，特别是草书等书体，多在手札等方面使用，以表达出一种个性。门联也有少量用隶书的，但行书、草书、篆书则几乎没有。

门联是采用木雕的方法刻在院门上的，手法为锓阳字雕，这是隐雕的一种。简单来说，就是在字的笔画边缘，雕出一条浅浅的小沟，然后在字体上涂上与门不同的颜色。一般情况下，门联为红底黑字，以便区别于院门的黑色。“文革”时期，笔者住家所在的街道曾普遍要求把院门涂成红色，然后写上黑字的门联，内容一律从毛泽东诗词中选。早年间，百姓家的院门一律为黑色，而不敢涂成红色。因为往往王府等人家大门才是红色的。就这样，四合院大门终于有了一次“翻身”的机会。

除了门联以外，院门上的门簪上也往往写上字，比如“吉祥如意”“平安”等。门簪至少两个，没有单个的。因此，题字也得是双数。门簪用字也必须是正楷，木雕手法为贴雕，就是用薄木片刻成字，再粘到门簪上，蓝底金字，金边，特醒目。当然，大户

门簪上的“吉庆”二字

人家因为院门是红的，所以也有门簪是红底金字的。

在二门的屏门上，往往也有四个或两个字，像“吉庆长久”等。屏门上的这些字可以是木雕的手法，也可以用油漆写上去。因为屏门多为绿色，题字往往是白底黑字。讲究点的为红底金字。这种颜色在一般人家是轻易不用的。

二门屏门上的字可以用油漆写，但院内正房、厢房廊柱上的对联则往往要用贴雕的方法。估计这可能是因为垂花门上的屏门不在露天，而门廊上的对联要风吹日晒，所以要采用讲究一些的手法吧。

如前所述，在四合院中，最讲究的地方就要数垂花门了。因此，木雕的各种手法差不多都能在这里得到体现。比如最有特色的垂柱头，或为莲花，或为方柱。有一种俗称“风摆柳”的柱头，表面为二十四条纹路，终点集中于柱的顶端，象征二十四节气。

此外，垂花门正面檐下的帘笼枋和罩面枋之间大多为透雕花板，题材有蕃草、四季花、岁寒三友等。垂花门上面的垂柱与前檐柱之间安装的骑马雀替或骑马牙子同样有雕刻。垂花门的雕刻再加上彩绘，形成富丽堂皇的气势，极有观赏性。

同样，抄手游廊等檐下花罩也采用了透雕的方法，像竹叶结构、喜鹊登梅、玉兰、梅花等图案。室内外栏杆上也有雕刻，上面的雕饰件主要有镶在下枋和腰枋之间的花板、绦环板，以及位于腰枋和杆杖扶手之间的净瓶，这里多用荷叶图案。

在房屋的正面，像隔扇、风门、支摘窗等木装修的格心部分均饰有不同的雕刻。此外，还有帘架边框、落地罩下面的须弥墩、室内板壁、隔断、挂落等处，也雕有花草或吉祥图案，雕刻的手法比较随意、灵活。

四合院建筑的屋顶、墙身（包括花墙、漏砖墙、漏窗墙、砖花墙等花式砖墙和云墙）、木构、门窗等各部位，其色彩都是不同的。屋顶一般为瓦灰色，墙身色彩除了材料（如砖、石等）的本色以外，还有的涂成红、灰、白等不同颜色，木构件在明清时期为程式化的旋子彩画，交替使用青、绿、黄、朱等颜色，又以黑、白、金色为分界线，不使其相混，对比效果强烈，装饰意味更浓。在室内，则多采用一种基本色调来处理其色相上的差异，以求更柔和、和谐。相反，在重色处或局部才采用一些比较明显的对比色，在宁静中略有变化。从大的方面来说，明代用蓝和金色比较多，清代则更趋复杂、艳丽。

四合院中的垂花门，无论在建筑上，还是在装饰上，都是全院的重点。这也是基于传统的对门的重视。它作为内宅的入口，自然成为院主人身份、品级、情趣的象征。同时，它又不同于院门，是在院内，即便装饰着力一些，也不会像院门那样显眼——在自家院子里热闹些还怕外人瞅见吗？

除垂花门的艳丽之外，屋顶、地面、墙壁等大多为灰色。庭院中种有多种树木，灰与绿构成了四合院的基本色，难怪人们在景山顶上看到的四合院，呈一片灰色的波浪。只有这样，才更能显出黄琉璃瓦屋顶的皇宫之气派、辉煌。

四合院因是木建筑，木头要油漆以防腐防裂。一般四合院的梁柱、门窗及檐口椽头都要油漆彩画，虽然没有宫廷苑囿那么金碧辉煌，却也色彩缤纷。这当然主要还是为了起保护作用，其次才是美观。《营造法式》一书规定了九种彩画制度，在四合院中经常采用的是“京式彩画”和“北京苏式彩画”。京式彩画是象征性的图案化和程式化，内容为龙、凤、锦、纹、夔龙、菱花、旋子、西番草、西番莲等。北方苏式彩画一般用于四合房、垂花门、廊、平台建筑等的挂檐，中间多为一个半圆形，绘有山水、人物、花鸟图案，外围用若干连续折叠的线条构成，用丹、青、绿各色退晕，层次三至九道不等，轮廓大线用墨线或金线。

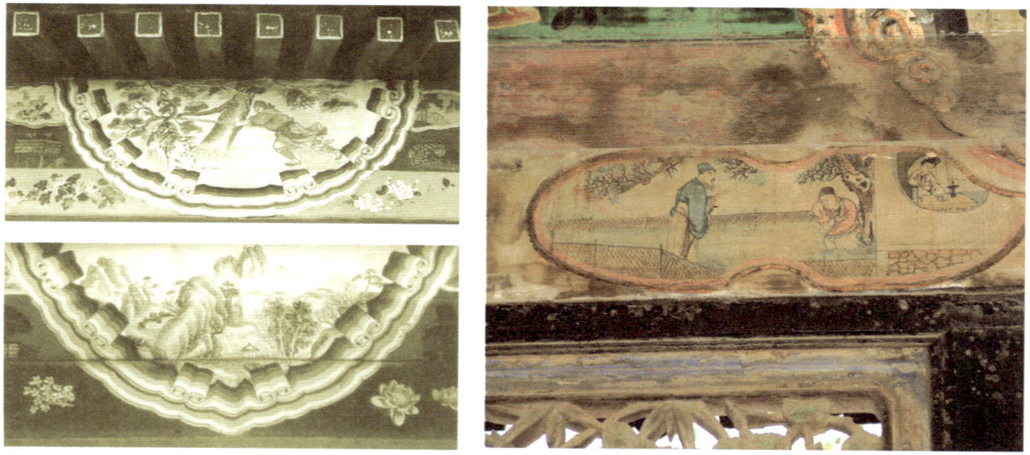

彩绘

故宫太和殿彩绘

对联、门神

《红楼梦》第三回中有一段：“又行了半日，忽见街北蹲着两个大石狮子，三间兽头大门……正门却不开，只有东西两角门有人出入。正门之上有一匾，匾上写有‘敕造宁国府’五个大字……”按照朱家溍先生的看法，清代从来没有府门挂匾的情景，只有寺庙的大门上才有“敕造 × 寺”的匾额。只是那些不属于“府”类型的官员宅第，门上方挂宅第主人科甲中式标志的匾额，如“乡魁”“会元”“进士第”“太史第”等。

上面这些匾额中的文字，想来一定是高官显贵，乃至皇上御笔，从某种意义上说，应属于“书法”的范畴，至少不会像常人写的那样随意、不讲究。

事实上，在四合院的大门洞内和正房的屋檐下，往昔都挂过匾额，从而成为四合院建筑组群的特色。各种形式、色彩和字体的匾额，不仅起到了极好的装饰作用，而且凸显了主人的身份、品味，使建筑生机盎然，意境深邃，引人联想，启人思绪。因为，这些匾额本身就是艺术品，从字体上说， 楷、草、隶、篆、行，均因地因境而用；就色彩来说，或黑底金字，或金底黑字，庄重华贵；在刻写手法上，有阴刻、阳刻，也有透雕。匾联之上，或饰金边，或饰花边，或不加边。

匾额的大小、形状各异，视其用处而定，注重其装饰性，其意、形与环境和谐。匾额除以长方形为主之外，还有状如方形石碑的匾额，叫碑文额；将长方形匾额做成书卷形状，谓之手卷额，册页形的长方匾叫册页额；透刻的匾额叫虚白额，用于园林，将虚白额置山石空隙处，叫石光匾；将匾额的形状做成飘落的秋叶形，用于园林，叫秋叶匾……这些匾额形状有这么多，书法的字体、风格又这么多样，的确算是一种风格独特的艺术品。

当然，四合院中的书法和木刻艺术还不仅仅体现在匾额上，因为，与大量现存的对联相比，匾额占的比例实在很小。明朝开国皇帝朱元璋，不仅提倡除夕挂春联，而且还在除夕之夜微服出宫，去看户户门上的对联。他的提倡，推动了春联（对联）的普及。明朝文人解缙在大明门上撰写对联：“日月光天德，山河壮帝居。”上联歌颂了大明王的功德，下联描绘了皇城的巍峨，从而受到永乐皇帝的赞扬，当然，也“赐赉甚厚”。

如今西城西斜街路北的一座四合院内，正房和西厢房的门前廊柱上还挂有对联。前者挂的对联是：“秋实春华学人所种，禾门义路君子之德。”后者对联：“书屋风和花正茂，花廊日暖桂生香。”这显然是针对这里住的是晚辈，尤其是有孩子的缘故。

东城金鱼胡同的那桐花园内，在原来的花厅“味兰斋”的门前，曾挂有对联：“竹林诸贤相与俯仰，山阴之兴岂在古今”，北面廊前挂着“万卷图书天禄上，四时云物月华中”的抱柱对联。另外，在园内的池塘北边，还有一座“翠籁亭”，亭南有架紫藤，附近一池子荷色牡丹，紫藤下摆满了上水盆景，故有对联：“嫩寒庭院初来燕，杨柳池塘欲上鱼。”

东城黄米胡同5—9号，原为一所宅院，名曰“寸园”。已故民俗学者王佐贤老先生的童年就在这里度过。在他晚年所写《六十年前吾家“寸园”简记》中记载：东边花园园门匾额“寸园”二字，为清光绪年间榜眼、理藩部尚书、清宗室寿耆所书。园内北院正厅门上，悬有乾隆御笔“悦目赏心”四个大字。对面南门上所悬“�馆”匾额，系清代光绪年间翁同龢所书。西屋花罩前系内阁学士毓隆书写的“举头洽喜屋如船”七字。这是因为该建筑为一通连七间似船形之故。由长廊东壁北折，有“思鹤”小书房三楹，其匾为清代同光年间大学士瑞麟之子佛尼音布所书。

花园内的祠堂为又高又深的三间大房，上悬横匾一方，四个大字为“世济其美”，边写官衔、官印。从西面走出长廊，大影壁前即是宅门，悬有大门匾额一方，系清代咸丰、同治年间的大学士董恂赠给的“世守书香”四个大隶字，特别精神。置身“寸园”纵然不看这里的山石花木，就是这些匾额就已令人眼花缭乱了，可见其艺术价值和文物价值。正如此园的设计者、清初画家李渔所自夸的：“富丽而有书卷气。”

毕竟，往日这些大宅门里的匾额、对联都只能供少数人欣赏，而镌刻在院门上的对联，则可以供所有过往的行人观看，不论其地位和级品，豪富和贫穷。在这些对联中，“忠厚传家久，诗书继世长”用得最多，它几乎代表了北京市民的普遍追求。与此相近的，还有“立德齐今古，藏书教子孙”“修身如执玉，积德胜遗金”“持家善古训，教子有义方”“忠厚培元气，诗书发异香”“为善最乐，读书便佳”等。

东城鼓楼豆角胡同11号屋前的一副对联是“努力崇明德，随时爱光阴”。新街口四条路北一座四合院门上的对联为“芝兰君子性，松柏古人心”，令人有置身高雅清绝之境的感觉。东城东罗圈胡同3号门的“昌时自幸福，仁里迓春晖”，新街口板桥二条5号大门上的“卜居积水，世守研田”等，表达了主人在劳动中寻求幸福的人生态度。前门外草场五条13号门上的“物华天宝日，人杰地灵时”与琉璃厂东北园北巷9号院门上的“物华民主日，人杰共和时”则表明了不同的时代风貌。

“文革”期间，四合院大门上多以毛泽东的诗词作为对联，如“四海翻腾云水怒，五洲震荡风雷激”“金猴奋起千钧棒，玉宇澄清万里埃”“春风杨柳万千条，六亿神州尽舜尧”等。字体也多模仿毛泽东体草书，而不像以往的多为楷书、隶书等。

正如民俗学者舒了先生所言：

旧对联与旧门墩、旧门雕等一样，都是北京胡同里的一“宝”。因为它将诗情画意与建筑情趣共生，或状景抒情，借景言志；或借古寓今，感事抒怀；或明之以理，喻意规劝；或寓情于乐，设趣巧对。情理深沉，各有千秋，且情切意深，理实辞谐。形式上，亦文亦书，对仗工整，长短不拘，自由发挥。它给人充分的联想，字断意不断。还能让人在联文的书法中欣赏南帖北碑、四书异体的手法和刀法艺术，多样的情趣，表达了建筑和环境的深远意境。

同在院门上，除镌刻有对联外，老北京还习惯于过年时贴门神，而且门神的种类很多。与其他地方一样，北京四合院贴的最多的门神还是秦琼和尉迟恭。前者在左，后者在右，“头戴金盔光烁烁，身披铠甲龙麟。护心宝镜幌祥云，狮蛮收紧扣，绣带彩霞新。这一个凤眼朝天星斗怕，那一个环睛映电月光浮。他本是英雄豪杰旧勋臣，只落得千年称户尉，万年作门神”［（明）吴承恩：《西游记》］。

为什么院门上要贴秦琼和尉迟恭的画像？这是因为秦琼救过李世民之父，后来的唐高祖李渊；尉迟恭则救过唐太宗李世民，而且都是在两位未坐龙椅之时。京剧曾有《临潼山》（又叫《秦琼救驾》）和《御果园》（又叫《尉迟恭救驾》）两出戏，很受欢迎。后来，民间就将他俩的画像贴在门上，并称其为神，借其神力来保护自己。这一对门神，传统年画分别绘为黑脸和白脸。其作用就像清代洪昇的《长生殿》中所说，有通行证的放行，没有的别过。清初的民间门神，秦琼持锏，尉迟恭握鞭，这样的一对门神画，有人干脆叫它“抱鞭锏”。

神荼和郁垒同秦琼、尉迟恭一样，也是一对门神。清代尤侗的《艮斋续说》卷八云：“人家门符，左神荼，右郁垒。张衡赋云，守以郁垒，神荼副焉。”既然东汉的张衡对

对联和门神——于阿军作品

这二位都有赋云，可见其历史悠久。其实，在这之前的《山海经》中就有记载：“沧海之中，有度朔之山，上有二神人，一曰神荼，一曰郁垒，主阅领万鬼。门户画神荼、郁垒与虎，悬苇索以御凶。”按这里的说法，神荼和郁垒本是守鬼门的。从东汉末年开始，用桃木刻成神荼、郁垒像，除夕时置于门旁。以后的历朝皇帝都热衷于用神荼、郁垒守门御凶。

其实，包括统治者在内的整个人类，所需要的仅是为其辟邪的神。至于这神具体是谁倒无足轻重，关键是能辟邪就行。

因此，历史上被列为门神的名单，可以拉出一长串。除前面提到的秦琼、尉迟恭，神荼、郁垒，还有钟馗之外，还包括赵公明与燃灯道人，孙膑与庞涓，裴元庆与李元霸、关羽与关平、周仓……这些门神，有的来自传说，有的来自小说，还有的来自历史，皆反映了所造之神的不同来源。

这当中，有一位特殊的门神——魏征。他虽是门神，但职位特殊，被称作“后门将军”。北京民间木刻《镇宅福神》画的就是魏征手持长剑的坐像。后门，常为小门，单扉，于是选了魏征。为何偏选上了他？《西游记》第七回中说，魏征与唐太宗下棋，盹睡中梦斩泾河龙王。老龙王号泣纠缠，鬼祟门外抛砖，弄得太宗皇帝夜不安枕，大病一场。由于前门有秦琼、尉迟恭守卫，绝了鬼祟，可后门又闹开了。太宗接受别人的进奏，派魏征手提宝剑，守卫后门。《西游记》中描写了魏征的后门神形象：“青巾抹额，脚踏皇靴，手持利刃，两目圆睁，令邪祟望而生畏。”

清末，北京四合院中，还有一种时髦的书画作品，或贴于二门屏门，或高悬内堂，这就是所谓的“御笔画”。起先，这种画只有官宦人家才有，且是在内书房，很显珍贵，绝不挂在客厅。因为，客厅中外人往来，难免或有丢失。这种御笔画，大约总是慈禧太后的九桃。小孩歌谣唱得好："一进大门亮堂堂，荷花鱼缸摆中央，太师宝枝列两旁；再往里看亮堂堂，自鸣洋钟摆中央，假钟假鼎列两旁；墙上一看亮堂堂，御笔九桃挂中央，昆风对联列两旁……"这似乎成了家家户户的摆设。

按规矩，尚书宰相等大员家的御笔画多由太后赏赐，司官之家则托人到如意馆，由那里的人代笔，预先多画、多写几张，用印时多盖几回就行了。再后来，要的人多了，连如意馆的人都忙不过来了。就干脆把这买卖转给了琉璃厂的南纸店，由他们找人仿写、仿画。所用之印，也是仿的。光绪中叶，此类御笔画的价钱大落，最贱者仅二三两银子一轴。凡有吉庆事，往往以此为礼，各家都有了，就像前几年送挂历一样。北京人骗不了了，只能骗刚到北京的南方人，他们不摸底细，又急于显得自己有背景，便买了一幅充门面。

钟馗也是门神，可他仅在每年端午节时露面，而不像秦琼和尉迟恭一样，长年累月地"站岗"。为什么端午节时请出钟馗做门神呢？当然，主要作用还是辟邪。此时辟什么邪呢？这是因为，端午节已近夏天，正是各种对人有害的虫子猖獗之际，同时，地下的湿气也越来越盛。钟馗正式在端午节登场，主要还是在清代，如《燕京岁时记》记载："每至端阳，市肆间用尺幅黄纸，盖以朱印，或绘画天师钟馗之像，或绘画五毒符咒之形，悬而售之，都人士争相购买，粘之中门，以辟祟恶。"再后来，人们又给了钟馗一个发挥作用的机会，就是在岁暮迎新之际，也让他来到门前驱祟。其形象威厉而不恐怖，一手握毛笔，一手持纸卷，上有"新年大吉"字样。当然，人们这样做，也是有历史依据的。

据《新五代史》记载，吴越的王位由钱镠传子，子传孙，到钱佐，传给弟弟钱倧。钱倧年不满二十，少心计，宝座还未坐稳，就对旧臣宿将胡进思要帝王威风。除夕时，画工献《钟馗击鬼图》，钱倧借题发挥，借画诗侮辱胡氏，胡进思明白了钱倧要除掉自己，就抢先下手，囚禁钱倧，迎立钱俶为新的吴越王。这段往事关联帝王的政治史，也是珍贵的风俗史料。钟馗既然是门神画的题材，画工除夕献画，可谓应时到节。

钟馗为何能够驱鬼除祟？这与他的经历有关，传说他原是从终南山到京去考进士的，在路上误入鬼窟，被众鬼弄得面容丑陋，因此落第。愤愤不平的钟馗触阶而死，同乡杜平掩埋了他。有了这番经历，天帝便封他为驱邪斩祟将军，钟馗自然成了这方面的“专门人才”。

蝙蝠常常是钟馗画的组成部分。这是因为唐代就有钟馗是黑蝙蝠的传说，不过，民间似乎更看重“蝠”与“福”的谐音关系，“蝠（福）自天来”，自然可以降福消灾了。因此，钟馗门神画中，如“福在眼前”“恨福来迟”等，皆绘大红蝙蝠，取意“洪福”。

室内装饰

明清之际，人们对居室的审美要求已上升到了理论的高度，出现了不少专讲居室布置、装潢、器玩的陈列摆设的专著，如袁中郎的《瓶史》、文震亨的《长物志》、沈三白的《浮生六记》等书。这些书有的讲整体布置的境界，有的讲独出心裁的创造，有的讲日常琐物的意趣，有的讲平淡生活中的无穷乐趣……核心内容无非就是反对单调、呆板、奢华，提倡灵活，提倡韵致。

对称，是四合院房屋建筑的特点，室内布置也强调这一点。李渔在充分肯定对称的正面作用的同时，又提出避免机械的对称，而是要在高低错落、虚实有致中相互照应，以显得自然，同时要与整个居室情调相一致，有和谐感。李渔说：“安器置物者务在纵横得当。”“厅壁不宜太素，亦忌太华，名人尺幅自不可少，但须浓淡得宜，错综有致。”他们把室内布置的理想，概括为“空灵”二字，具体表现为“宁古无时，宁朴无巧，宁

鲁迅故居室内布置

俭无俗”。要置放适宜，富于变化，淡雅素洁，给人平和宁静、恬美如画的感觉。当然，达到这一境界并非易事，它基于气质、基于性情、基于修养、基于慧心，关键是要善“悟”。

在书房装饰方面，士大夫的书房是最具代表性的。四合院中的书房，一般为两明一暗的三间，明间兼客厅，这种书屋格局很普遍。尽管如此，室内的装饰仍然很有个性。比如，清末翰林周介仁的书房——“竹斋”，其名称的来源就在于室内以竹装饰，陈设品为竹藤。这些竹藤的座椅、躺椅十分舒适，远胜过中看不中用的硬木家具。

戊戌变法时期，康有为所寓南海会馆内的书房，是假山、爬山虎掩映中的四间北屋，室内装饰十分简朴。这一方面体现了主人变法图强的精神，另一方面，也同会馆生活的短暂性有关。与之相反，那些带品有衔的士大夫，其书房要讲究许多。有的还专门分内、外书房，外书房就是客厅，内书房才真是看书写字的地方。它一般在临花园之处，造型雅致，有楼、榭、轩、馆、舫等多种形式。周围配以花坛、清池、假山、古木、修竹、名花等。

内书房体现主人的情趣爱好，四壁名人字画，多宝格上，宋版古书与商周礼器杂陈，文房四宝分列案头，墨、砚之讲究，也许价值千金。俗话说：“一年可起第（宅第），百年才能建起藏书楼”，说明没有三代人的收集，书斋之中很难是四壁古书。所以古诗云：“温暾笼牖昼初长，坐拥书城挹古香。”

当然，四合院内不只有书房。那么，其他房间内的摆设又如何呢?

林语堂的长篇小说《瞬息京华》（又名《京华烟云》）中所描写的四合院中的室内，简直就是《红楼梦》再现：

那个客厅很高大，有普通两间屋子大，格调是淳朴、古雅、大方。三尺高的宫灯从顶棚上垂下来，光焰照在深蓝色云龙花样的地毯上，照在鲜绿的窗帘儿上，靠西头儿有一个巨大的黑杉木长椅子，上面铺着蓝缎子的硬垫子，前面摆着一个杉木茶几，旁边有两个脚凳。一切都是巨大、淳朴、严肃。一张高的红木桌子，用直条纹的木头做的，立在此墙之下，上面只摆了三件古玩。一件摆在中间，是镶有金线的古景泰蓝鼎。另外有一块大理石板，两尺见方，自然的花纹是烟雨迷的风景，其中有山顶，林木，半隐于云雾里。令人几乎不能相信的是，竟会有两只渔船，形状逼真。另一块大理石板，上面的花纹完全像一只大鸭子，鸭子的头、嘴、颈，几乎到完美如真的程度，另有微微淡一点的线条，蛮像身子的轮廓，一片棕蓝色正好像鸭子的脚 。长椅子上面的墙上，挂的是山水画立轴，出自宋朝米襄阳的手笔，有十五尺，由于年代久远，绫子面儿和墨迹相混，呈现大理石的条纹，但是仍富有米氏浓墨的光彩，墨黑如漆，笔画遒健。屋子的四周，还有若干硬木的直椅子，几个广东制造的硬木安乐椅。在大理石和红木上，表现出来整个的气氛，是堂皇崇高，淳朴清雅。

这间堂屋，正面的布置是一张暗黄的长条案，案前是另一张八仙桌。这条案当中供着一只很高大的、深棕色雕花的神龛，雕琢得有门有户，龛顶和两边龛槛的盘花刻得原来是很考究的。不过，雕花盘饰的边缘里饱塞了灰尘，显然供在这里有好多年了。龛里供着许多位神主牌，前面一只锡香炉，一对蜡签。神龛的右首有一只坐地的长形老钟，嘀嗒嘀嗒地走着。龛的那一边又供了一座不很大的莲花座金色漆髹的释迦牟尼全身佛像，胸口有一个“卍”字，右手上托着一只宝瓶，前面放了一个小香炉，在黑暗中发出三点奇异的星星火焰。

上述文字介绍了正房堂屋内的主要摆设，从中可以清晰地看出主人的情趣。而条案上的摆饰物，案前八仙桌的放置方法，是昔日四合院正房中所常见的。清末东四九条的佶公府和理藩院尚书寿耆宅、太仆寺街桂良宅、拐棒胡同织造尹宅等都是这种摆法。不仅如此，在一些有品级的人家，正房的南墙上还会挂匾。

与这种把三间正房分隔开不同，《大都》中另一处是三间打通的：

原来这三间房屋，把中间的隔扇拆掉了，只留下近墙的两扇，上面横梁的下面仍旧是平阔的雕花木槅，厚呢的深蓝帘幕用钩子吊挂起来，绒丝绦子结扣在隔扇上。这里的隔扇用的是洋松板，漆着深棕色，雕盘挖通花的木槅当中，两面夹裱着几幅素净宣纸彩笔绘的仕女花卉。虽然是工匠之笔，倒也工整细腻，有的画一块石头，旁边栽植几棵葱绿的水仙，淡白花儿微开了几瓣；有的画芭蕉叶和架子上低首的鹦鹉；也有画苍松和振翅飞起的白鹤；也有海棠花旁嗡嗡的小粉蝶。白纸裁的形状也有像折扇面的，也有长幅的，也有团扇形的，都连带钤着猩红的篆字印章。齐着隔扇底下砖面，一共分铺着三条厚地毡，全是整幅的，恰像量着这三间砖面的尺寸织的，中间的一条，客人一进门就踏着了，它是照着天坛祈年殿的正面图样，用红蓝青白几种色彩把它穿嵌交织起来，铺得平平正正的，给人一种庄严深邃的美感。因为地毡衬着红木大理石面的圆桌，老式的酸枝条案，八仙桌，杌子，几张松软舒适的深红天鹅绒沙发，半个人身那么高的落地红釉大花瓶，各种字画，还有墙边挂着两只毛茸茸的鹿角，条案上玻璃盒子里面那只闪亮的，白银打的大兵舰……

三希堂内居室饰物

作者在这里对堂屋中各种摆设的细致描绘，给人身临其境的真实感；仿佛百八十年前北京大宅门的堂屋景象重现在眼前。

在这些旧式房屋的摆设风格上，大致分为华丽和雅洁两种。这当中，财富的多与少还在其次，关键在于主人的性情。像林黛玉的潇湘馆，很是雅致、洁净。一明两暗的屋里，合着地步打就的床几倚案，窗前案上设着笔砚，架上累满了书籍，也有钟鼎琴棋，却不是雕饰，朴素自然。清人李笠翁在这方面具有卓见，他强调“居室之制，贵精不贵丽，贵新奇大雅，不贵纤巧烂漫”，尤其讲究从标新立异当中寻找情趣。同一房也以彼处门窗挪入此处，便觉耳目一新，有如房舍皆迁者。从家具的陈设移动中寻求乐趣，其目的无非是将身边和眼前的环境，摆布得更富有情趣，乐此者不觉其疲。

接下来，就可供摆布的室内各种部件，做一些具体的介绍。

隔　扇

隔扇就是室内具有不同用途的可移动的框架。它的四周在边框抹头内有仔边，中间空间都是满花式棂子，作为裱糊或安装玻璃的骨架。除了用作完全隔绝的各种墙壁外，还有很多极具装饰性的间隔物。如半隔断的可随意开合的槅门，半做隔断半做家具的书架、博古架，隔而不断或仅做区划标志的各种式样的罩等。这些雕刻精致、制作精细的隔断，是北京四合院建筑中最具特色的一部分。

罩一般用于较富贵之家，由小木仿制帷帐而来，其雕刻极豪华，分栏杆罩、落地罩、几腿罩、圆光罩、炕罩、八方罩等。这些隔扇和落地罩，一般都制作精细，朴素雅致，配上造型优美、简洁、明快的明清家具，气氛淡雅，传统风格浓厚。

通往“净室”的小门

落地花罩

落地花罩

天坛斋宫寝殿内的栏杆式隔扇

罩常用于两种不同地点但又性质相近的区域之间。如三开间大厅，可在左右两排柱旁顺梁枋安栏杆罩或花罩，以区分空间。中间明间为主要会客厅，左右次间则为随意漫谈处，也有在明间设纱槅，而在次间拖挂落飞罩，以区分不同的使用部分。罩和纱槅的使用，实际是分而不开，或仅作为区划的一种标志。但它不仅能将一个宽敞的空间划分成若干活动空间，而且可按需要布置家具，使室内空间分合自如，美观多变。

栏杆罩是用立柱两根，将开间或进深分为三段，中间较宽的一段通行。顶端多用几腿罩，左右段下部做成雕刻精细的栏杆，用于室内，颇具园林风味。

落地罩是在开间左右柱或进深前后柱边各安一扇隔扇，直落地面。隔扇上加横披；横披与隔扇相交成直角处，安花牙子。有的形式直如飞罩，两端着地。

碧纱橱是隔扇的主要形式。启功先生在为《红楼梦》第三回中“碧纱橱”作注时称：“碧纱橱——帏帐一类的东西。用木头做成架子，顶上和四周蒙上碧纱，可以折叠。夏天张开摆在室内或园中，坐卧在里面，可避蚊蝇。”但北京文物研究所编的《中国古代建筑辞典》“碧纱橱”词条的解释为：“用于内檐的隔扇。在分间隔断上，常满装隔扇，用六扇、八扇甚至十几扇，视进深大小而定。每块隔扇的结构，同外檐装修一样，但用起来轻巧纤细，多以紫檀、红木、沉香、铁梨等硬木做成，有的还用景泰蓝、青玉、螺钿在上面镶嵌花纹、雕刻制作均极精致。槅心部分常糊以绿纱，故称碧纱橱。”

以上关于碧纱橱的两种解释，至少在形状上，说法就有很大差别。那么究竟以谁为准呢？实际上，无论是启功先生，还是北京文研所，二者的解释都符合事实，问题只是在于，二者对碧纱橱解释时的阶段不同。启功先生介绍的碧纱橱，实际上是它的起源及最初形态。而后者的解释，则着眼于碧纱橱形态发展的最高阶段——清朝末年，乃至民国年间。如果把上述两种解释综合在一起，才可算是关于“碧纱橱”的完整含义。

许姬传老先生曾在20世纪初，随其外祖父徐致靖应康有为之邀，前往西湖边的刘庄小住。在此期间，“仅老（徐公）住在碧纱橱内（碧纱橱是夏天防蚊蝇的特种设备），我们弟兄三人（许姬传等）住在外间”。这段话证实了碧纱橱的确是启功先生所说的样子，而且它在南方也很普遍。

花罩是中间为门洞，上下左右皆为木制雕花，费工费料，造价甚高。炕罩，就是位于炕边沿的木罩，形式似落地罩。飞罩，是两端下垂，但不落地，状如拱门，用在脊柱和纱槅间。几腿罩是飞罩的一种，两端下垂，上部呈穹隆形，但两端用小垂柱收住，形如几案的腿。

帘　子

门帘是门的附属物，冬天的厚门帘可挡风寒；夏天挂竹帘透风遮蚊蝇；布帘是在不关门的情况下，保持居室隐奥。所以，它的作用非门所能代替。

《红楼梦》中曾多次写到门帘。第六十四回：“早有廊下的老婆子打起帘子，让贾琏进去。”第八回：“宝玉听说，忙下了炕来至里间门前，只见吊着半旧的红绸软帘，宝玉掀帘一迈步进去……”

在古人的诗句中，“帘”的出现率极高，俯拾即是。如“风帘自上钩”“疏帘听暮雨”“落日在帘钩”“升日在帘栊”“草色入帘青”“鸟窥新卷帘”“风帘入双燕”“重帘不卷留香久”“碧楼帘影不遮愁”“试问卷帘人，却道海棠依旧”，等等。

帘子还因用木珠或玉珠串成，而成为一种工艺品。常见的是用不同的珠子串成各种吉祥图案，既实用又美观。近年来，民间喜用废挂历制作门帘，把橄榄球状的纸卷串起来，固定在木架上，色彩绚丽，别具风格。

窗帘也算帘子的一种，它是随着西式装饰风格的引进而在中国不断发展的，以至成为居室中的重要装饰。

炕

炕在北方广泛使用。尤其是清朝入关，成为全国的统治者以后，从皇宫到民间，炕的样式更加繁多。清朝嘉庆年间的《燕台口号》云：“嵇康煅灶事堪师，土炕烧来暖可知。睡觉也须防炙背，积薪抱火始燃时。”许多贫寒人家中，炕边的灶砌高些，既能暖炕，又能烧饭，俗语叫“锅台连着炕”。热炕，尤其是炕头，冬天很暖和。李光庭的《乡言解颐》中说：“京师睡煤炕者多。”意思是北京人都睡热炕，用煤烧。《大都》：“这屋子没有床，齐着墙壁和左边的窗牖占了全间三分之二的地盘，盖了个二尺来高的土炕，炕倒是够大的，照理，能躺一家子的人呢。在夏天，当然也没有拢着了火，要不然，炕眼里煤炉子烧的热气准能把整张的炕席子熥得烫烫的，比什么都暖和。这席子是北方人土造的粗糙的编草席，但传热的力量比什么都强。”

《红楼梦》中也写到了炕，但指的是木炕，就是用数张平板木床组合，外装一个炕帮；炕罩。它是从南方习惯使用的架子床演变而来的。在室内明间的，有“堂屋后炕”，在次间、梢间的有前檐炕（前窗下）、后檐炕、靠山墙的顺山大炕，还有在两端各加出一小长方面积的“卍”字炕。

皇宫中也有炕，也烧火，但是地炕，满地有火道，而灶在廊子上。供取暖的炭火数量，因使用者的品级不同而差异极大。

炕

故宫长春宫东暖阁

家　具

家具被形象地称为“屋肚肠”，依作用的不同分为桌、椅、几、案、床、榻、橱、柜、屏风等多种。在明清两代，家具的类型和式样，除了满足生活起居的需要外，和建筑也有紧密联系。一般厅堂、卧室、书斋等都相应地有几种常用的家具配置。

霍达的长篇小说《穆斯林的葬礼》在描写主人公韩子奇家的卧室时，介绍了一些当年四合院家居中常用的家具及其摆法：

> 隔扇门里，靠墙摆着榆木擦漆大立柜，南墙窗下一式四件包着钢角带铜扣儿、铜锁的衣箱，东面靠墙一只硬木茶几，两张明式靠背椅。挨着床的地方，一头儿是带抽屉的床头柜，一头儿是钱柜和梳妆匣。全套家具都是搬入新居那年买的龙顺成桌椅柜箱铺的“百年牢”，二十五年了，至今都没走样儿。北面，一张大铜床占据了房间的三分之一，两头高高的床栏上，铸着浮雕缠枝花卉，洋味儿的古色古香，和包房间的雕花隔扇、硬木家具倒也协调。

在上文中，几乎写到了老式家具的基本类型，尤其提到了西洋式样的大铜床，这是淘汰了北方旧式土炕后出现的新气象。不仅如此，有的人家中，洋式家具的品种还要多。同在《穆斯林的葬礼》中，提到一位英国人亨特家的客厅。其中，西式的大壁炉，枝形吊灯和维多利亚时代的沙发，与明式的硬木桌椅、百宝格硬木柜并存。这是民国前后，许多住在北京的外国人家中的普遍现象，甚至美国使馆中的房间布置也是如此。

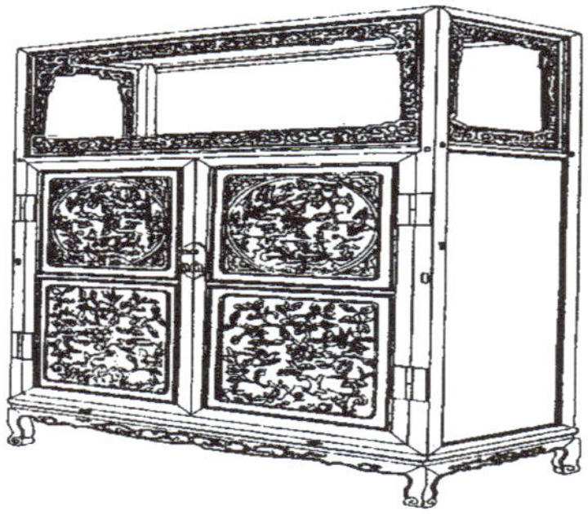

明式亮格雕花柜

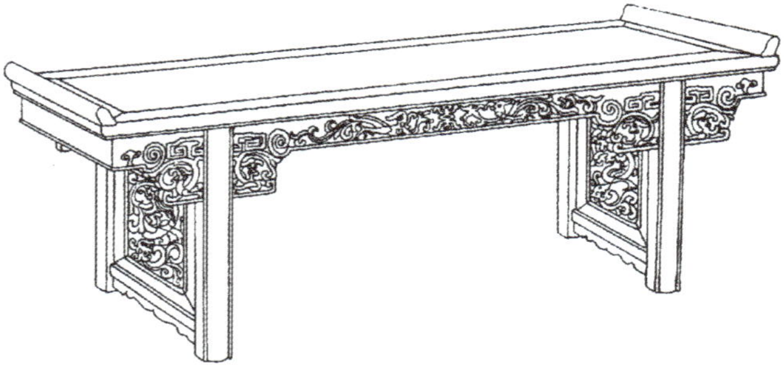

清式螭龙团寿翘头大香案

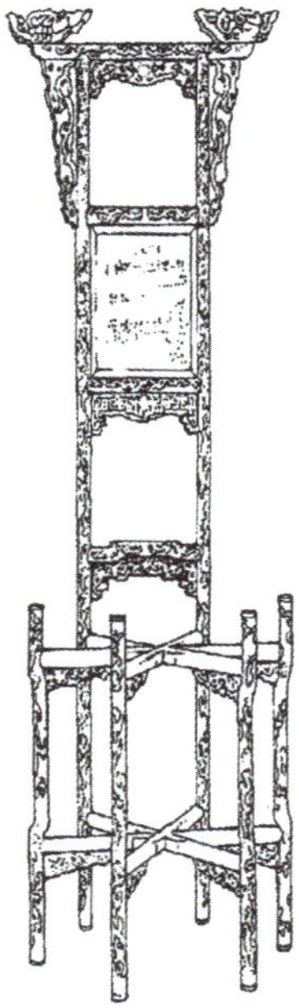

明式黄花梨木盆架

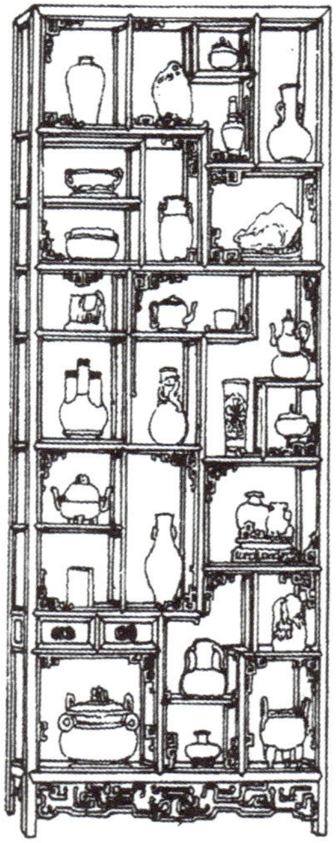

明式万字门瓶栏围多宝格

明式紫檀木镶玉件炕柜

外国人对中式（主要指明清）家具情有独钟，主要是因为它们精湛的工艺、优美的造型、高贵的材质和舒适的享受。几乎每件家具都表现出体型稳重、比例适度、线条利落、端庄活泼的特点。王世襄在《明式家具珍赏》一书中评价明代紫檀扇面形南官帽椅时说：“四足外扎，侧脚显著……管脚枨不仅用明榫，而且出头少许，坚固而不觉累赘……造型舒展而凝重，选材整洁，做工精湛。”

硬木家具上常常雕有美丽的花纹和各种吉祥图案作为装饰。此外，如合页、拉手、钮头等铜活儿的使用，装饰得硬木家具更加端庄秀丽，古色古香。经过了多年的战争和动荡，能传到今天的明清家具，几乎都成了珍宝。

花　园

通过对不同的四合院的了解，感觉其结构雷同。区别仅在于几进（一般为两进），顶多四进就不得了了。至于四合院的结构为何这么雷同？想来可能与政治的专治文化讲究正统有关。

有一年秋天去上海，在弄堂小巷里徜徉，深为那一幢幢风格各异的小洋楼而惊叹！觉得这也许就是海派文化丰富多样、生机勃勃、充满活力的体现，不由得令人向往。

以后，因社会活动的机会，参观了东城区东四地区、西城区西四地区的一些保留较好的四合院。由此发现，这些四合院结构上也许趋同，但院内花园无一雷同，丰富多彩，简直一座花园就是一个独特的世界！

他们的设计，无不寄托着主人对山林之自然气息的向往，体现了主人的情趣和追求。主人在这里放松精神，回归本真，陶冶情操，甚至纵情声乐的人生佳境。这么多造型各异、大小不同的四合院花园，几乎和四合院构成了完全不同的另一个世界，吸引着人们的目光。

中国园林的真正肇始时间，大约在魏晋以后。以前的园林尚依附于建筑，并未独立出现。

园林缩天地之精华，集于一园，比自然的山水更集中、精炼，坐于一园，融包天下。四合院园林与四合院的刻板、规范正好相反，表现的灵活、生动，充满自然情趣。置身其中，让人与自然融于一体，得大自然的滋养。

因此，园林的核心，无外乎情趣二字，远非四合院的中轴一统、东西对称。其建筑设置随地赋形，巧夺天工，山石花木无不呈自然之态。群体之中，往往又主次分明，相互呼应，虚实结合，气韵生动，韵律和谐。使人于园囿之中，悟宇宙盈虚，体四时变化，儒家的秩序和道家之情趣，水乳交融。

这里介绍的，主要是指位于东、西城，特别是西城西四迤北、什刹海地区，以及东城东四以北，南、北锣鼓巷地区，保持原貌较好，在类型方面具有代表性特征的四合院花园。

这些花园往往作为四合院的组成部分，而非脱离开四合院独立存在。从类型上看，可以包括王府花园、官宦、文人士大夫四合院花园和商人、中层文化人四合院花园。一般四合院，四合院以下人家则鲜有花园部分。

贾珺著《北京私家园林志》一书绘有《北京旧城区主要私家园林（含局部遗存）分布示意图》，详细标出这些园林分布于京城的大体位置，可了解其分布的基本情况。其中包括：

王府花园——醇亲王府、恭亲王府花园；

官宦、文人士大夫四合院宅邸花园——可园、内务部街11号后花园、东黄城根南街32号宅花园、麻线胡同3号“春谷”、黄米胡同5、7、9号清代有名的私家花园——半亩园等；

北海静心斋花园

商人四合院花园——礼士胡同129号后花园等。

在这些花园中，只有恭王府花园没有独立的文物管理机构，并以王府花园的形式完整开放。

醇亲王府西花园则以宋庆龄故居形式供开放参观。余者或为宾馆、学校、机关使用，或为单位宿舍使用，因此不在文物单位的保护范围，有的干脆已然成了大杂院。

历代四合院花园林立，名园佳景历朝历代倍出。只是因时间的推移不断湮灭，其中绝大部分已归沉寂，后人只能从史籍以及少量影像资料中去打捞，难窥当年动人的风采了。

关于辽代的园林，只在明人所著《日下旧闻考》所引《漷县志》中，仅存一则记载："原独秀亭在县（今通州区）北二里，辽司徒郭世珍建。"据说此处为郭世珍游憩之所。

到了金代，统治者对于中原文化十分倾心，著名的"燕京八景"便系此时首创。

金中都留守掌判之子，一代名士赵亨，就曾在金中都丰宜门内建有宅园，其中的恒斋和汲古斋就很有名。元好问诗中赞美此园："闲田八九亩，乃在城西偏。筑物临清流，开窗见西山。入境偶相值，遂无城市喧……"

如今位于玉渊潭之畔的钓鱼台宾馆，前身就是金人王郁为隐居而修建的园景。据说这里泉水丰沛，积为一湖，正可效仿古人，作临水垂钓的地方。

元代成为北京建筑和私家园林的第一个高峰。仅在大都城内，著名的就有位于什刹海边的万春园，这里成为文人士大夫聚会的场所。

此外，还有位于顺承门内的伯颜丞相的府园——丽春楼；位于大内正门崇天门西侧的名人宋子玉的宋氏园；等等。

元代，仅叫"万柳堂"的园林就有六七处，分布于西郊钓鱼台、城南、阜成门西、城西南等。

书画家赵孟頫曾应邀前往位于城西南的廉希宪别墅——万柳堂，参加廉氏举办的宴会，观看歌伎的献曲表演。为了回报主人，他当场创作了一幅画作，名字就叫《万柳堂图》，现藏于台北故宫博物院。

进入明朝，中国封建文化发展进入顶峰，四合院花园作为这一文化的生动载体，呈现出丰富多彩的式样。

据贾珺著《北京私家园林志》一书所列，明代帝都的著名园林已有三十余处，还仅是内城的，不包括外城的。

其中最著名的，就有成化年间的大学士李东阳，位于什刹海前海西岸的官邸——西涯。

李东阳出生于什刹海地区，做官后仍定居于此。因为他太喜欢什刹海，以至于他为自己起的号就是“西涯”，所以李东阳又称“李西涯”。

据《渌水亭杂识》记载，李东阳的西涯在北安门北，集中西涯十二咏，有桔梗亭、杨柳湾、稻田、菜园、莲池，园中可望钟鼓楼。

李东阳在《西园秋雨十二首》《后西园秋雨十首》中，提及园中栽的植物有竹、椿、松、柏、榆、桃李、芍药、木槿、蓼、紫薇、荼蘼、月桂、石榴等二十多种。

此外，明代京城的著名园林还有位于什刹海西岸定阜大街的太师圃，这是明初定国公徐氏的府园。定国公系徐达第四子徐增寿后人，因被称为太师，故称“太师圃”。

与其隔岸相对，位于什刹海西海东岸边的杨园，系御史杨某的宅园。

在杨园东侧，则是米万钟的漫园。据说园子内十分安静，园内堆有丘壑，邻水建有高阁，湖光山色一览无余。园内还建有著名的梅亭，为重檐六角建筑，结构颇为复杂。

在关于这些园林的大量记载中，不光有园景林致，还有主人和家人在园中的活动。

位于崇文门里街的亦乐园，是明代成化年间大臣吴宽的宅园。他素以诗词书法见长，常邀同好来园中雅集。《日下旧闻考》引《析津日记》：园中有海月庵、玉延亭、春草池、醉眠桥、冷澹泉、养鹤阑……

据民国年间《燕都名园录》的记载，亦乐园为明时名宦、骚士、词客、翰史诗酒流连之所。如李东阳、王鏊辈，皆为园中座上客，其风韵雅澹，佳话频传，足可倾倒众人。每有燕集，视为盛会。

需要强调的是，明代实行皇子外封制，就是王子都要分配到全国（当然是富饶之地），不许留京。所以，明代北京从永乐年间就已是都城，但城中几乎没有王府，也就不会有王府花园。

而清代正好相反，所有王府都建在北京，且在北京遍里，几乎没一座出东西城的。这样一来，清代王府的花园之多之盛，成为有清一代北京四合院花园的一大特点。

其中最具代表性的王府花园有：肃王府花园、裕王府花园、恒王府花园、孚王府花园、覆王府花园、僧王府花园、谟贝子府花园、大公主府花园、桂祥宅园。

其次为官宦宅园，著名的有：翁同龢宅园、长龄宅园、大阮府宅园、鹿传麟宅园、袁世凯宅园、莲园、明瑞宅园等。

清代末期，西风渐近，这一风气也影响了清代四合院花园的建筑风格。

同时，也因为清王朝离当代不远，所以保留下来的样板最多。有的自明代沿革而来，有的为清代所建。这些花园无不秉承传统造园理念，与以往一脉相承；同时又各具特色，风格多样，成为后人了解历史的生动教材。

无论是袁世凯、盛宣怀，还是顾维均、梁启超，他们作为时代的代表，无不把自己新的情趣、生活方式融入建筑当中，因此留下了一段段关于四合院花园的典故、佳话。

以下选取一些现在尚且留存或被拆改的四合院花园，依其主人的不同身份，依次进行介绍。

醇王府西花园

这所住宅原是清初大学士明珠的宅第的一部分。到清末这里成为末代皇帝溥仪的生父醇亲王载沣府邸（摄政王府）的花园，环境幽静。新中国成立前夕，这里已荒芜凋敝。1962 年将这座王府花园整饬，并在原有建筑迤西，接建了一座中西合璧的二层小楼。

花园内松柏苍翠，绿草如茵，古朴典雅的建筑坐落于假山湖水之间。大门里花木成荫的小路穿过葡萄架直达内宅的东门，门里原有建筑的前厅“濠梁乐趣”和后厅“畅襟斋”改建成大客厅和大餐厅。西侧新建主楼的楼下有小会客厅、小餐厅，二楼有卧室兼办公室、起居室和书房。隔着南湖与主楼相对的是一组古老的建筑，即原醇亲王府花园的“南楼”及坐落在两侧假山上的“听雨屋”和“箷亭”。从这里向东横穿抄手回廊可沿曲折石级登上假山顶上的“箑亭”。“箑亭”是一扇面形建筑。“南楼”西面假山上的“听雨屋”现为礼品室。此处现以宋庆龄故居对外开放。

恭王府花园

恭王府花园位于北京市西城区前海西街，这里是清道光帝旻宁第六子恭亲王奕䜣的府园。它的前身是乾隆时大学士和珅的宅第，咸丰二年（1852 年）成为恭亲王府。

恭王府花园名叫萃锦园，正门在园子南面，为西洋式石雕花拱券门。门内左右都有青石假山，正面迎门耸立一座柱形太湖石，顶刻“独乐峰”，石后为一蝙蝠形小水池，

醇亲王府（北府）花园走廊

旧名“福河”。

水池后面是一座五开间的正厅，名“安善堂”，其东配房名“明道堂”，西配房名“棣华轩”。

堂后又有一方形水池，池后是一组叠成毚形的假山，中间嵌有康熙御笔福字碑一座。假山之上有一座盝顶敞厅，名“邀月”，厅两侧都有爬山廊通向东西配房：西配房名“韵花簃”。中轴最后为“养云精舍”五间，两侧各接出折曲形的耳房，屋顶形式特殊多变，形如蝠之两翼，故得名“福殿”。东路第一进院落前有一座垂花门，右前方有一座流杯亭，名“沁秋亭”。

门内只有东房一排八间和西房三间，靠南边的三间东房名“香雪坞”，西房即明道堂之后卷。院北即为大戏楼，为三卷勾连搭式，最北一卷就是“怡神厅”。

戏楼北边有北房五间，东房两间（现已不存），传闻这里才是天香庭院。园东侧南北方向叠有青石假山。

花园西路最前面有一段城墙式的围墙，墙上辟券洞，额书“榆关”。墙两端接青石假山。榆关内有“秋水山房”“妙香亭”“益智斋”等建筑。

再北有一个较大的水池，池心有水座三间，名“诗画舫”。池北有五间两卷房，名“澄怀撷秀”，其东耳房名“韬华馆”，再北为王府的花洞。

园西侧有南北向的土山一座，从榆关以西一直延伸到澄怀撷秀的西侧。萃锦园的院墙为城砖砌成。

可　园

可园在东城区鼓楼南帽儿胡同7号、9号，是清末大学士文煜宅第的花园部分。这

恭王府花园

是一个两进的花园，原东、西都有游廊与左右相通，现在西边游廊已有部分被拆除，可通行之门也都改变。只有东边游廊保存完整，但再也不能从廊处通往东边了。这样花园就成了独立的建筑——可园。

新开的门是一个很不起眼的双扇小红门，两间北房，东有一通道，穿过通道，一座假山便出现在眼前，数杆翠竹从山脚斜伸过来。

山后左边有一条弯弯曲曲的小径，顺小径往前走，忽见一山洞，上横一石，刻有“幽径”二字。过山洞，豁然开朗，满园花草，只留出两条小石子路。其中一条通往北端正房，取“曲径通幽处，禅房花木深”之意。

另一条是横向的，可通东边走廊的敞轩。出山洞，往右过一小石桥，可达假山顶处。山洞出口处亦有一横石，上刻“叩壁”。

在假山东部，有一六角攒尖小亭，满绘苏式彩画。站在亭内向下一看，满园苍翠尽收眼底，绿树丛中，一湾池水从东往西，顺假山，穿小桥蜿蜒而过。假山东边是雕刻精美的彩绘游廊。

游廊东边还有一组更高的假山，有三间歇山顶的敞轩高踞其上（今在 7 号院内）。

在这长满松、槐、柿、柏、丁香等树木花草的园内，还点缀着玲珑剔透的太湖石，日晷及剑石，在威风凛凛的剑石石座下，嵌着一块长 1 米、宽 0.3 米的石碑，上书“可园”，其碑文清晰可见。

园北为五间正房，大式硬山合瓦顶，额枋上绘苏式彩画。左右各三间耳房。正房明间原有楹联“风雨最难佳客至，湖山端赖主人贤”。房东边与游廊相接，这游廊依山势由高渐低直通后园。

后园有一组假山，屏障似的从东边斜插院中，另一组假山在东北边的水榭周围。水榭下有山洞，环洞有山石相围，水榭周围亦有水池相绕。

后园亦是槐荫满园、花香四溢，极为幽静。综观全园，长不过百米，宽约 30 米，前园疏朗，后园幽曲，主要园林建筑小巧多变，在不足 3000 平方米的园内，亭、台、榭、阁、桥各有特色，安排得当，把有限的空间巧妙地组合成了变化多端的景色。园虽小，但极可人意，故园主将其命名为“可园”。其建园思想，在文煜之侄、兵部尚书志和为可园写的碑记有所表述。

内务部街 11 号花园

内务部街 11 号花园，是一组坐北朝南的大型宅院。临街有起脊大门两座，现只从东大门出入。

大门以内又可分四组院落，当中是两宅并列各自独立的正院，前面各有垂花门一座，内为各有厅堂的数层四合房屋；东部一院，房屋较少，只有两进且无配房，因之地较宽敞，当初或为静室、书斋之属；西院房亦不多，相比之下，规制、结构均简陋，和前数院落有明显不同，显见不是同一整体建筑，或原为独立院落，拆除隔墙，辟作附属院的。

整个院落的煞尾是占地广阔的后花园，堆山花厅、亭台俱备，并收集一些原圆明园石雕作为点缀。

宅院的建造可追溯到乾隆时期，是一等诚嘉毅勇公明瑞的府第。

澹　园

东黄城根南街 32 号院原是极宏伟的一组建筑，东路大门向西开，为三间，临街有大八字影壁，进门后第一个院，有南房五间，东有三间过厅，从过厅进入里院，主要建筑坐北朝南，该院正房五间，左右各带两间耳房，东西厢房各三间，后罩房七间。原从正房西边可进入西路院，现在已封闭。

西路院最西边有南北向的五间大厅，为灰筒瓦悬山顶，院中有一垂花门，原来垂花门南部还有些建筑，但现已拆除，依稀可看出垂花门东西都有走廊相通的痕迹。过垂花门有一四合院，院东有假山，山上砌一两层小楼，据说原为绣楼，沿假山南侧有石梯可上，原来北面也有假山、石梯，但在新中国成立后拆除了，移建到东单公园。楼东南有一勾连搭建筑，原可通东院。楼北还有十一间后罩房。从院内现存建筑和拆除的痕迹来看，原来整个院落都有走廊相通。

后来该宅售予福建人柯贞贤。他又将宅改造一番。在他自己写的《澹园记节略》中说："子挈家北居，买宅城东，有园亩，亭榭花石颇足鉴赏。因增新之，朝晖夕霞，徜徉于斯。虽不宽广，亦聊可自怡。因名之曰澹园（在小草厂）。"

麻线胡同3号花园

原为清朝一官僚住宅。共有房屋105间，除有中、西式住房外，原来中间还有一极大的圆厅，是作为唱戏、跳舞用的。这是一个尖顶圆形建筑，厅内上部有一层栏杆楼板，可通到东边麻线胡同3号院内的清风阁。

麻线胡同3号院坐北朝南，临街有大八字影壁。大门一间，倒座房4间，门内有两棵极大的银杏树，树后即一太湖石砌的门洞，横额为"春谷"。两旁有大青条石楹联，上刻："泉淙涧底琴音泻，峰倚天边画景收"，背面为"松老龙鳞皆合抱，山连螺黛自回环"。全为乾隆御笔，是圆明园遗物。

进石门，东为假山，西为一西式两层楼房，北为中式建筑。西边小楼即是清风阁，原可通至西边大舞厅的。这阁是专为欣赏风景用的，楼下为女客厅。楼面阔五间，上下层均前带廊，并有坐凳栏杆。

北房三间，原为洋客厅，是专门招待外国人的。房顶为硬山合瓦箍头脊，左右各带三间耳房，前面带走廊。东部走廊与花园的爬山廊相接。

花园现存规模不大（原来北鲜鱼巷 4 号院也是花园，后拆除），园内假山、水池、小桥、亭、轩俱全。

假山东部，有一四角攒尖小亭，上绘苏式彩画，下带坐凳栏杆，亭西原有拜月台，绕亭而过的是一条曲曲弯弯的月牙河，三座小巧玲珑的桥梁在小河上。假山东边顺势修了一条爬山廊，廊中建一轩，为两卷勾连搭建筑。廊子一边直通北边，一边又往西折与西北洋客厅相连。这园虽小，但也紧凑，很具特色。

怡　园

怡园位于米市胡同，相传为明代严嵩的别墅。康熙年间大学士王崇简、王熙父子在此建别业，请当时在京营园的江南叠山高手张然建造，极宏敞富丽。于园内叠石凿池，布亭台，构楼阁，栽花植木，有二十余景，为清初北京具有江南宅第园林特色的名园之一。

王熙曾请内廷著名画家焦秉贞绘《怡园图》（现存浙江省博物馆）。图中主要建有临水的三间楼房两座，清丽淡雅，正中一楼的后面又有院落。

楼前池塘，水碧无波，其南边绘亭榭、假山，名自成峰。南北凭借靠近两岸的贴水双栏曲桥相连通。

西部有平房。园中间植松柳，观其景如入春花烂漫、幽阁绿荫间，有缥缈宁静之感。园中著名建筑称席宠堂、射堂、摘星岩等。到了乾隆时期园已废，此后，房屋拆卖殆尽，空地悉盖官房。南横街今粤东新馆亦为怡园废址的一部分，旧有四松亭，构于松石间，又筑有椒书屋，清末也因改建会馆而拆除。

礼士胡同129号院花园

礼士胡同在东城区灯市口附近，原叫“驴市胡同”，民国时改为礼士胡同。

129号院临街的八字墙异常宽大，在长长的院墙和八字墙上，都有精致的砖雕。大门三间，进门后，二门左右各有一石狮。二门内是并列的两个四合院，由回廊相通，廊内的什锦窗完整、漂亮，房屋建筑也很讲究：两卷勾连搭的过厅，磨砖对缝的墙。东院东侧有一通道，往北走，有一坐西朝东的垂花门，进垂花门是一花园，园虽不大，但花厅、水池、树木、亭子搭配得当，花草点缀得体，显得全院幽静、高雅。

这宅子原是清末武昌知府兵俊的住所。后被日本投机米商李彦青所得，他趁日本大地震，贩卖大米，发了大财。但不久，在曹锟当政时被枪毙。后此宅又卖给一大律师，不久，又转手给天津盐商李善人之子李颂臣。李颂臣买来后，请朱启钤的学生重新设计，修改成今日模样。

半亩园

东城美术馆后的黄米胡同5号、7号及9号院原是一座带花园的大宅子，其花园就是清代有名的私家花园——半亩园，该宅东为住宅，西为花园。

这本是清初画家李渔（别号笠翁）为贾胶侯中丞建造的，李渔在建园时还得到当时有名的叠石专家张琏（字南垣）父子的帮助。

道光年间，麟庆购得此宅后，曾对花园大加修葺，并取名为“半亩园”。该宅原在弓弦胡同内的牛排子胡同（现改叫黄米胡同），坐北朝南，大门对面有一座很大的一字影壁，大门一间，两侧建八字墙，倒座房九间，住宅部分有四进院子， 全由转角廊连接，各室皆为筒瓦箍头脊。走廊墙上均有雕刻精细的福（蝙蝠）、禄（鹿）、寿、松、竹、梅等。

室内装修有些至今仍保存完好，如第三进正房内，有一红木雕花落地罩，似由一根整红木雕成，非常华贵，最后有一排后罩房，共九间。

在宅院东部有一两层的佛楼，原住宅部分西有粉墙可通花园。

园门为一大月亮门，门里是一牌坊，为六边形砖屏门，门四周雕刻岁寒三友松竹梅及蝙蝠、梅花鹿等。屏门额嵌石刻“半亩园”，两旁还有记录半亩园修建经过的刻石。

过屏门便是正厅，为云荫堂，有清初状元梁阶石写的楹联，还有麟庆本人写的楹联。堂内有康对山遗物“流云槎”，此为一天然木根做的卧榻，长宽皆有一丈，其形好像一朵紫云垂下来，此物系康对山（名海，字德涵，号对山，明代状元）在明正德间居扬州新城内康山草堂时物，题有“流云”二字，为明代赵宧光所篆，董其昌、陈继儒皆有题跋。道光壬寅，康海故宅园中莘夷（紫玉兰）盛开，阮元（相国）邀麟庆往游赏花，得见此槎，阮元购置后，修整如新，于是冬署“节性老人款赠见亭年大人”刻于槎上，麟庆回京时，载之而归，置于半亩园中。

云荫堂旁有小楼为近光楼，楼上有联为麟庆所作：“万井楼台疑绣画，五云宫阙见蓬莱。”与楼相通有一名琴台，台下凸出一块顺山石，石有洞，过石洞便是退思斋，为专收古琴之处，楹联亦为麟庆亲题：“随遇而安，好领略半盏新茶，一炉宿火，会心不远，最难忘别来旧雨，经过名山。”

南为赏春亭，此处有一圆形大水池，周围青石铺就，池中有亭，名流波华馆，还有双桥相通，池周围有玲珑池馆、曝画廊。每年阴历六月初六日晒画，在专陈怪石的拜石轩内，收有很多极精致的大理石屏，但更多的是端砚、印章等，楹联亦为磨石刻就：“湖上笠翁，端推妙手；江头米老，应是知音。”此联亦是麟庆所作。

此处还有专门藏书的琊环妙境，楹联表达了麟庆对子孙的苦心：“万卷藏书宜子弟，一家终日在楼台。”

据载，半亩园麟见亭家的藏书在当时负有盛名，除藏书、储琴之外，园里还有一处专存鼎彝的永保尊彝。

在半亩园内，有一幅清皇帝赐予扬州虹园的楼联：“花木正值二月景，人家疑近武陵侯。”这是麟庆在开封时得到后，移悬于半亩园中的。园中各处还有许多麟庆自己题的楹联。

这个花园可贵之处在于其“富丽而有书卷气”，不仅是叠石垒土，导泉为池，而且山石结构曲折、典雅、古朴，确实是李渔的力作。

花园现已拆除，其中六方砖屏门已于 1983 年移至西山曹雪芹纪念馆内。

学院胡同 79 号和屯绢胡同 32 号宅园，是一位商人在民国初年建造的。

宅园坐北朝南，面积不大，但设计得当，布局精巧，形成了前为住宅后为花园的格局。

按照北方四合院的传统住宅布局，临街为倒座房，大门在住宅的东南角，大门内迎面是影壁，进为一座垂花门，左右为磨砖清水墙。

进入垂花门为内院，垂花门两侧为抄手游廊，墙上开什锦灯窗。北房三间，两边带耳房，北房内装修考究，利用落地罩和隔扇分隔室内空间。东西有厢房。

其后就是花园。园中建筑尺度较小，但与山池树石相称。依靠曲折错落的建筑，巧妙地利用曲廊、叠石、花厅、亭子、水池小桥和花木来划分空间，构成不同的景点，面积虽小，布置紧凑，恰到好处。

花园西北角是四周有廊的花厅“厂”形，东有厢房七间，前为土山，山上叠石，拾级而上有平台供人休息欣赏园内景致。

山下有一座六角攒尖亭，亭前有一座石桥连接两座水池。

西交民巷 87 号和北新华街 112 号原是一处宅园，87 号是住宅，112 号是花园，这里曾是北京双合盛五星啤酒厂创办人的住宅。

宅园坐北朝南，东院广亮大门一间，倒座房八间，进门是影壁，影壁西边是太湖石叠成进入内院的“门”，叠石精巧，“门”上太湖石山还有一块上有乾隆癸卯新正御题诗一首，现字迹依稀可见。

假山内院中北房三间，东西耳房各两间，东厢房五间，西边为廊与花园相通。

其后为三进院落，北房为两卷勾连搭。西院是花园，前半部东侧是太湖石假山，山上镶嵌有汉白玉题字刻石，其中有乾隆御笔的“普香界”、嘉庆御笔的“护松扇”“翠潋”以及“排青幌”等。假山西侧原是一排铺面房。

假山东侧有一座六角攒尖亭，石台基，花砌墁地，花园后半部由中西合璧的房子组成花厅，花厅前有汉白玉石栏杆，一对石狮，石狮口中有可活动的石球。大树的树池都是用汉白石石雕围成，院内还有硅化木、石雕等。其后院是二层楼房和一座四合院。

综上，在以往北京的四合院中，很多都附有花园。王其明老师的《北京四合院》中所列的清代北京之宅园，就达 114 个。

不过，比起“大胡同无其数，小胡同赛鹅毛”中的大量小四合院，甚至四合房、三合房来，带花园的四合院所占的比例，的确是微乎其微了。毕竟，这种作为人生处世最高境界的闲适，必须以有钱和有情趣作为前提。正如白居易说的：“人生处一世，其道难两全，贱即苦冻馁，贵则多忧患。唯此中隐士，致身吉且安。穷通与丰约，正在四者间。”在京为官，最好是闲职，这样，便可利兼出处，避劳负饥，更重要的是，可以随心所欲，优游卒岁。

另外，“帝京夜阑闻雁声，何人不起故园情”，长期客居北京，必然令人渐生思乡之情。加上往昔来京赶考、做官者，南方人居多，所以才把江南园林移到自家的后院，仿家乡老宅的曲廊、幽径、亭台和小桥，聊慰对故地的怀念。当然，这也成为主人炫耀自己家世和根基的机会。

居京不易，空间限制尤大。因此，北京的四合院花园形式中纵然有阔达十余亩的大花园，但大多数四合院中的花园仍为咫尺小院，尽管如此，主人仍可以精心营造，从而产生无限空间的感觉。其采取的手法，有叠石、树丛、水池、花篱、曲廊、月亮门等“换景”手法，以求达到三步一景，景随步移的效果。

“借景”是创造花园“画意”的重要手法。走廊上的墙窗，借来窗外景物，一窗一世界，步步有天地，空间随心理活动而移动。颐和园借景玉泉山和西山，使园的容量陡然倍增。花园中的一泓池水，面积虽然不大，但犹如“嵌”在花园中的一面小镜，昼夜的景象都是变动的了。林语堂的《瞬息京华》中的某花园，就极有此特色：

从后门而不是从南面的正门进园。主要的起居室都靠南面的大门里面，逐渐向北分布，开凿一条小溪和一个池塘，溪流穿越走廊、小桥，流经各座楼阁平台而进入一座大果园。几处园门中，西北角上的那座可以一眼看到桃园，一行行菜畦和一口水井，一座座屋顶掩映在树丛里，不时可以瞥见红色的阳台和彩绘的梁柱同翠绿的树丛相映成趣。从这座后门入园，就像进入乡村里的农家，可以信步踱向南面的住室。这座门名为“桃云小憩”。此时正是桃花盛开的春季，只见一片白色和粉红色的桃云。桃花的品种繁多，有野桃、青桃、蜜桃等，夹杂在桃树中间的梅、杏、山楂等也吐出了绿色的蓓蕾。

过了果园，有一座伴农亭。这座八角形的亭子位于曲折蜿蜒的溪流的末端，由溪畔的一道长廊同房屋相连。亭前泊有一只小船，在此悠闲漫步，细看长廊一边镶石屏上的《红楼梦》二十四景图。再过去二十来步，是一座朱红色的小桥，这里是全园布局的锁钥之地，站在桥上，可以望见溪流开阔为一个小池塘，其南侧约五十尺长，一座带顶盖的小榭突出在地上，周围是座位，上面木匾上三个绿色大字“漪澜轩”。几个老婆子在小榭上来回走动，水塘左右两侧树木遮阴，长廊不时隐没在树荫里又复出现，通到水榭。

在这一大段关于花园的描写中，几乎包括了花园中的绝大部分的建筑、景物，但有如此之多景观的园林，其面积却十分有限。表现空间距离的一般有“二十来步”“五十尺长”等说法。

在四合院的花园设计中，“天人合一”的思想是一条重要主题。通过山（有时不过是一个小土堆，有时不过是叠起的几块太湖石）、水（极小面积的一泓池水，或者是一条连脚面都没不了的浅而短的“小溪”）、树、亭、桥（极小，有时甚至一步就能迈过去）等几个基本构件吸附人文因素，还自然之本，成为缩小了的自然山水。通过把世俗所有的一切“景物、器物、活动方式……借到园内、引到园内，凡所应有无所不具。收天地无尽之景于一园之内，一堂之上”，览苍生无限之欲在山水之间，一上之下。清人李渔在论到园林建筑时曾说：“一花一石，位置得宜，主人神情已见乎此矣。”后海北岸的醇王府，曾经是清代著名词人纳兰性德的家。他在一首《鹧鸪天》中借家中花园之景，写出了自己的心情：

小构园林寂不哗，
疏篱曲径仿山家。
昼长吟罢风流子，
忽听楸枰响碧纱。
添竹石，伴烟霞。
拟凭樽酒慰年华。
休嗟髀里今生肉，
努力春来自种花。

东城东四北魏家胡同 18 号内的马辉堂花园，是一座建于民国八年（1919 年）的带花园住宅。之所以叫“马辉堂花园”而不称“马辉堂宅”，可见花园在当中的地位。

北京的这类宅园府第中，像马辉堂花园这样花园与宅院相连的，还有后海的醇王府花园、蒋家房的棍贝子府、二龙坑（路）的郑王府、缸瓦市礼王府等。

这些花园都是水平延伸的平面布局，给人接近自然的感觉。这种感觉和心态，都是为了获取些许情趣上的解脱，人们或求诸宗教，或投奔自然，即便因衣食等原因而不得不滞留城市者，也以花园的形式，把自然引到身边，寄托情怀，在诗之情、画之意、游之景、书之趣中得到心灵的慰藉。

林语堂说：“所谓艺术，就是利用手中有限的东西，而又能让人类的想象力得到充分的发挥。”沈复的《浮生六记》就勾画了一个穷书生把自己家小花园布置得美观大方的故事。这当中，他特别强调了闲情逸致的重要性。因为，第一，有了这份兴致，才有心思去布置，否则，即便是建筑师，恐怕也难以为你提供满意的设计。第二，有闲情逸致者才能倾其精力、时间和兴趣去欣赏。否则，一座无人欣赏的空园，也自然难以达到令人陶醉的目的，历史上许多满腹经纶且家道殷厚的文人都曾精心地设计自己的花园。也许这些文人并未受过关于花园设计的专业训练，但这当中所需要的和谐一致、错落有致、出人意料、影影绰绰，以及含蓄回味等造园手法，正是中国诸多传统艺术门类所共同尊崇的一贯原理。

“园林潇洒可终身”，这是那些在人生旅途上奔波久了的老人们的常情，就连贵为“天子”的皇帝也不例外。乾隆晚年所建的宁寿宫花园（乾隆花园）就是他倾注精力最多且最钟情的晚年休养之所。花园南北长 160 米，东西宽 40 米，正门为衍祺门，入门有一座湖石山屏，屏北是古华轩，轩前西侧有禊赏亭，亭对面山顶有一台，名承露台。山南为抑斋，斋中为佛堂。斋东南小院中堆石筑亭，名撷芳亭。古华轩北有重花门，内为一院，北面正房名为遂初堂。堂西北是延趣楼，穿堂北面山上有耸秀亭。山北有萃赏楼，山东南角是安有松、竹、梅木雕图案的三友轩。萃赏楼北面堆石成山，上有平面呈梅花形的碧螺亭，圆形，重檐。山北有套间错综复杂、状似迷楼的符望阁，东西南北皆五楹，高两层，长廊四绕。阁北是倦勤斋，也是五楹两层。斋东有珍妃井，西有竹香馆。整个花园布局秀巧和谐，多以松、竹、梅花木及其图案装点，突出高雅、延年的主题。后来的慈禧太后为了颐养天年，也学着造了一座花园——颐和园。这个花园可比乾隆花园不知要大多少倍，反映出了清朝末年统治者的骄奢腐化。

与上述皇家花园近似的，还有散布于京师各王府中的花园。它同王府一样，大多属于皇宫（包括花园）的缩小和移植，在情趣上相近。最重要的是，花园作为一种情

郑王府净真亭

郑王府跨虹亭

趣的体现，更多地属于文人雅士，那样的花园才是探索老庄玄学和儒家修身养性的所在。

清代文人以藏书为时尚，著名的有纳兰性德的珊瑚阁、乾隆年间的怡亲王弘晓之明善堂、曹寅的栋亭等。嘉庆、道光年间在此居住的麟庆，可算是八旗贵族的藏书家，自幼勤奋好学，是一位学问渊博的儒臣，曾有《鸿雪因缘图记》三集传世。

凡有些经济能力，住得起独门独院的人家，无不在庭院中遍植花卉、树木，甚至小巧的观赏石。庭院不过七八平方米的面积，但也布置得花木扶疏，景色清幽，犹如大花园的一角或微缩。雨后从这些住宅群中经过，居然能闻到公园中才有的花草的清香。这是刚钻出“板楼”的人所难以想到的。其实，早年间的北京四合院，所产生的正是这样的效果。舒乙在他的《过去，也有可爱的》一文中说：胡同里的四合院，处处有空，可以处处种树，当树冠蹿过房顶之后，由上面看下去，连成一片的是绿色的树海。

四合院除了四边有房子，中间有院子，还有空地，能栽树，能种花，能养草，家家都是，连成一片。不是要净化空气，消除污染吗？院子里有这么多树，地上还有各式各样的草花，南墙根一定有玉春棒儿，院当中甬路边上有指甲草，有草茉莉，有死不了，有蝴蝶花，它们都能净化空气，还能储存水分，提供氧气，改善局部小环境。每个四合院就是一个小小的“肺泡”，无数的“肺泡”每时每刻都在自动净化北京。

如今，搬进楼房居住的北京人，虽然再盖四合院及其花园已不可能，但这种随处栽树种花的传统却得以延续，因为它可以给人带来回归自然的感觉和达到净化环境的目的。

汪曾祺当年有一次出访香港，他望着中环一带几十层的高楼和如流水般的车龙，竟不禁想到了北京，想到了北京的大树。他说：“所谓故国者，有乔木之谓也。”然而没有乔木，是不成其为故国的。《金瓶梅》里潘金莲有言：“南京的沈万三，北京的大树，人的名儿，树的影儿。”北京有大树，北京才成为北京。

“合”与“分”的建筑艺术

建筑特点

院落式建筑形式在中国历史悠久，四合院建筑形式是中国许多地方，尤其是北方的主要民居形式。尽管如此，作为全国政治中心和文化中心的北京，这里的四合院仍然有独特的魅力，甚至可以说，它是四合院建筑最高形式的表现，是四合院的精华荟萃。

为什么这么说呢？联系四合院的悠久历史，以及明清以来北京四合院的建筑特点，可以从这样几方面来证明。

第一，四合院建筑（主要是指在民居部分）的设计、施工经过多年的实践总结，早已形成固定的程序和模式。这一过程的实现，显然与北京的政治中心、文化中心的强烈氛围分不开。江南四合院体现着文人和市民的情趣，北方各地四合院离不开当地的气候和生活习惯，而北京四合院自然也要透出帝王都城的气派和风格。这种气派和风格，不仅体现在皇宫和王府宅邸建筑中，小门小户的门楼，也无不受到影响，从而烘托出几朝古都的历史和“天下中央”的自夸。

这一点，当然也离不开城市规划的影响。比如说，元大都以来的布局，特别是明清以来对于街景及建筑形制的管理，都必然导致四合院设计、施工的规范化、标准化。尽管如此，并未否定在大标准下的小灵活，统而不死，大同而小异，这就在整体风格统一的前提下，又各自有着一些特色，避免了千篇一律，也不可能千篇一律。

第二，四合院建筑组群在变化中体现了和谐、平衡。以梁和立柱构成的“间”，是组成四合院的基本单位。“间”组成了单体建筑，单体建筑组成了庭院，两个或两个以上的四合院又构成了多种形式的建筑组群。所谓多种形式，当然不是等量单体建筑的简单堆积，而是相互间有呼有应，有聚有合，有大有小，有主有次，有东有西，有里有外……总之，这种组合是一种有机的整体，形成恢宏的气势，深邃有律，聚而不乱，分而不散，规整中有变化，变化中有秩序，有一种群体的和谐与平衡。

一提起四合院，人们往往首先想到那幅立体的标准四合院图。实际生活的四合院远远要比所谓“标准的”更丰富多彩。因此，这种整体的和谐也表现在许多方面。一座座由前向后，成纵深或向左右延伸发展，通过墙、廊、门、院、庭、巷、道的连接围合，以广阔而深奥的数量，显示东方文化的博大精深。与此相反，西方建筑，尤其是西方现代建筑，则主要以增加体量和高度为特征，由小体到大体，由低层到高层，增加体量，以高大的体量取胜。在人口急剧增加的情况下，体现东方文化的四合院，自然难有伸展的地域了。可见，它的衰退也是一种自然的趋势。因为，它得以伸展的北方平原正在成为人口聚居的城市。而在山川纵横或丘陵起伏的地区，又难有北京或北方四合院那样的气势了。

第三，内敛式的组合方式。小到小四合房甚至三合房，大到几进的深宅大院，甚至皇宫，无不呈现出内向收敛的趋势，这也是单体围合组成群体的必然结果。它突出地体现了儒家的向内自省，以修身为平天下起点的指导思想。“吾日三省吾身”“重生、保身”等儒、道的宗教式学说，作为中国文化的主要内容，直接体现在了四合院式的布局上。“内向”一词，往往具有自谦、退让、含蓄、包容等内涵，是中国人的传统美德。内向性空间所形成的庭院，又成为其主人表达内在生命意识，实现内在的、精神的、实质的深刻感受的极好环境。

此外，内敛式组合还有利于防盗——宅邸周围用砖砌成厚墙，大门一闭，邸宅顿时变为一座城郭。中原人到福建避难兴建的圆形土楼，更将这一特色进一步发展。这在屡屡遭受战火，政府威力不足信，警察制度几近无，盗贼横行，人心不安的时代，尤显必要。入夜后，通过横街小巷，左右砖墙林立，如入无人之境。

第四，木质材料的广泛使用，表明其在四合院建筑中的重要价值。木材是四合院房屋的结构材料，它也在房屋内外装饰方面发挥着主要作用。虽然铜铁等金属工艺在中国发明很早，但大多只用于兵器和少量生活用品，而没有像西方那样，用于大跨度房屋梁柱之中。在此情况下，木材的作用就格外重要。在四合院建筑当中，抬梁结构在梁枋组合中广泛使用。在石础之上立柱，柱上架梁，梁上立瓜柱，重叠布梁，按进深方向构成一组排架。然后，用横檩联络柱的上端，构成房屋的基本单位——间。它的最大好处，就是防震。因为组成整个房间结构的各木质构件之间有榫接处，伸缩性极大。不像水泥结构，仅由焊接而成，墙面既起分隔作用，同时又负重。在木结构中，承重的是木柱，墙仅起分隔作用，便于移动和装修。另外，木材加工方法灵活，适用于多方面需要，在传统造型、室内外装修，特别是雕刻等方面，能满足不同的需要和工艺要求。

造型艺术

进入四合院，首先是影壁，其次是屏门，再次是二门（多为垂花门，也包括垂花门内侧的屏门，或二门内的影壁），经过这几次迂回，才能进入内院，来到正房前。在空间形式上，先是影壁前的正方形小院，然后是垂花门前的长方形院，最后是正房前的正方形院。这种不断的空间视觉转换，使人不断接触不同的障碍，进而产生“庭院深深深几许”的感叹。与此同时，组成房屋的墙、板、门、窗、柱、梁、基础和屋顶等，又以其特有的形状、体态、质量和色彩，以及构成这些要素的无数点、线、面的有机组合，形成了四合院建筑的造型艺术的诸多内容。概括起来，这一造型艺术表现在以下几个方面。

（一）在统一中寻求变化

传统的四合院，不是一座孤立的建筑，而是一组建筑。其中建筑群体与组成它的每个个体，以及个体与个体之间的局部关系当中，都充满了统一与变化的造型关系。拿一座单体建筑——东厢房来说，它的南山墙是“介”字形，而后檐墙则多为长方形。这二者之间就存在变化。但后檐墙再往北，又出现“介”字形的墙，它既与南面同样形状的山墙相统一，又与后檐墙长方形相区别，这种又统一又变化的墙体，构成了房屋的三个平面。再如三进四合院建筑，倒座房院为长方形，正房院为正方形，后罩房院又是长方形，这种长、正、长的关系，与前面讲过的东厢房三面墙的关系一样，都体现了统一与变化的关系。变化，使建筑的形象丰富多彩，打破了沉闷、平淡的气氛；统一，舍去了一切不必要的变化，而使整体归于纯正，使四合院组群更加和谐、完美。这种变化与统一，体现了一种高标准、高境界。

（二）中轴及由此产生的对称性

均衡以对称为前提，而对称又是中轴线设计的必然结果。受大一统观念的影响，大到北京城，小到四合房，都要有一条贯穿南北的中轴线。它的中心位置，为全城（或全院）最高权力的象征。全院房屋均以这条中轴线为中心，呈东西对称。比如，正房三间中以中间一间的中心部位为限，左右各一间，然后两侧再各一、两间耳房，再东、西厢房……房屋的展开始终以左右对称的态势进行，体量轻重、形体构成方面也一样，从而给人以均衡感。这种均衡自然带给人安宁、安全的感觉。当然，实现均衡目的的手段并不是唯一的。有时，通过有意识地安排一些不对称的设置也能达到均衡的效果。处理好建筑整体与门、窗、柱廊等的细部、局部构件间的虚实、比例关系等手段，也能在不对称中求得均衡。这种均衡使人获得松弛和愉快，在情趣中显出生动和自在。尤其是在四合院花园的设计中，这种不对称的均衡手法被广泛使用。

均衡的重要性，更多地体现在单体建筑当中。像故宫前部三大殿之一的太和殿，十一间的超大型房屋，其屋顶之高、之大，是完全可以想象的。然而，从太和门中望过去，却并不给人压抑感。为什么？这是因为太和殿下面有三层高达八米的台基。其中，最下一层的高度接近三米，偌大的房屋建筑在庞大、高耸的台基之上，自然是下重上轻，避免了压抑感，进而增强了均衡感。同样，四合院中较宽大的正房，一般也有三层以上的台阶，目的也是如此。

另外，运用门窗上洞的大小、疏密和虚实等关系，来求得视觉上的均衡感，也是一

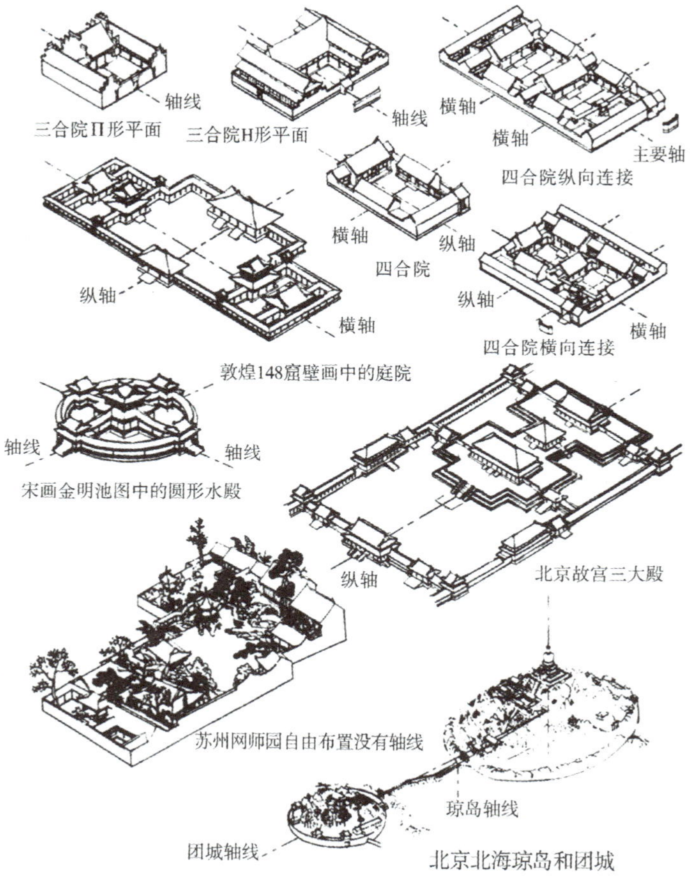

中国古代建筑组群平面布局示例

种有效而常见的方法。

（三）整体与局部的关系

在建筑物的整体与局部、局部与局部之间，比例关系十分重要。比如，整座四合院与大门，四合院大而门却不一定大。相反，如果四合院小而门大，则给人不舒服的感觉，好比小孩戴一顶大帽子。人体存在不同的比例关系，在建筑物的设计中，也很重视借鉴这些比例关系，毕竟“身体美确实体现了各部分之间的比例对称”（《西方美学家论美和美感》，商务印书馆 1980 年版，第 14 页）。

以四合院中的正房为例，中间的一间正在中轴线上，称明间或叫当心间，宽度最宽。当心间两旁的柱间叫次间，宽度比当心间小；最边上的两间叫梢间，宽度又比次间小。这样的廊柱排列，不仅突出了中心，而且加强了角上的向心推力，使建筑更趋稳定。

上面所举之例，表明了整体与各个分间数量的大小比例关系。尺度问题要比这复杂得多，因为它是建筑物或局部构件在对人的感觉关系上和人所见的某些特征标准之间的大小关系，也是建筑整体或局部给人感觉上的印象与真实形状之间的大小关系。它处处牵涉到与人的视觉、触觉关系。大建筑不等于各部分的放大，小建筑也不是各个相似部分的缩小。从这个意义上讲，建筑不仅是一种工艺，更是一种艺术。比如，房间和门都可以按比例放大或缩小，但是，放大的门、窗必须考虑关开门把手的高低与人活动尺度的适应，核心问题是门的缩小不能忽略人的进出。再如台阶、楼梯的踏步，在放大或缩小建筑时，不能按比例缩小或放大台阶或楼梯的高与宽。可见，尺度不等于尺寸，尺度错误，不仅影响美观，也影响使用。

廊檐墙上书写的为皇太后庆祝生日的贺词

（四）遵循一定的建筑序列

序列就是指建筑的排列顺序，或叫顺序排列。一定数量的建筑组合，必然存在排列顺序问题。这种排列有时有规则，有时无规则，正是这多种多样的组合形式，才呈现出千变万化、异彩纷呈的空间形式感受。人们按一定的顺序，从一个空间通往另一个空间，穿行其中或绕行其间，真到走完这一空间序列的全程，才能获得这一空间序列的总印象。四合院空间的序列当中，既有有规则的序列，它使人产生一种庄重、爽直、明确的印象，而且强调高潮：也有不规则的序列，充满了流动和运动的感觉。在现代西方的众多私人住宅中，更多地强调后者，从而更贴近自然、富有人情味。而四合院建筑更多地侧重于前者。除此之外，四合院序列还体现在对建筑高潮的独具一格的处理。它的空间序列往往是在高潮出现之后还有一系列比较次要的空间延续下去，最后才有适当的结尾。四合院的建筑高潮当然在主院的正房，但很多稍大一些的四合院，后面还有后罩房或后罩楼（如恭王府）。显然，结束都不在正房。即便像颐和园这样的大花园中，建筑高潮也不在佛香阁，而在它后面的智慧海。

当然，在建筑组群当中，一个空间转换到另一个空间，不一定都是沿中轴线这样的直线，有时也采用一些迂回曲折的手法，轴线的构成具有周而复始或循环不断的特点。这主要指四合院中花园部分的构成。

韵律，就是有规律地重复和有节奏地变化。四合院建筑物上的门窗、栏杆和檐部等，是最有利于体现韵律感的地方。首先是连续的韵律，就是由一种或几种组成部分连续重复排列所产生的。这在四合院砖雕、木雕中都有体现，像窗棂、隔扇等。其次是渐变的韵律，如色彩的渐变，体积的渐小等。如廊上苏式彩画中，几何图案由深到浅形成“退

恭王府大戏楼内景

晕”。再次是起伏的韵律，四合院中的建筑体形基本相似，但分成不同的院落空间，房屋有高有低，有疏有密，有围有透，表现出交错起伏、参差跳动的韵律美。最后是交错的韵律。这种手法是运用纵横交错或穿插而产生的韵律，像菱形窗格，以及各式隔扇、落地罩、博古架及栏杆等。室外建筑构件，如漏窗、墁地砖，以及砖石仿木结构（门内影壁的顶部装饰等）。

总之，重复是产生韵律的首要条件。当然，重复不是杂乱，而是重复中求活，变化中求稳，将变化与统一结合起来。

（五）“合”与“分”的构成形式

在四合建筑组群当中，各单位建筑之间，因使用功能不同，各房间之间，房间内外之间，室内家具布置之间，必然要进行分隔。走廊作为过渡空间，是解决分隔的好办法。室内的落地罩、博古架、屏风、帐幔等，是分隔室内空间的重要手段。这些手段的运用，使得室内外空间，在“分”当中又体现着“合”，“合”与“分”，按人的需要而定，两者缺一不可。

环境空间艺术

建筑必须与环境相配合。中国的古刹，只有在山回峰转、苍松翠柏的掩映当中，才能把人的情感带进幽雅清静的境界。作为居民的主要居住地，四合院也必须配有协调的环境，如绿树、花草等，以给人一种幽静、平和的感觉。这表明，环境是构成建筑艺术感染力的最主要因素，建筑群的空间关系和建筑构成了有机的观赏主体，唤起了丰富的联想。

近百年前，西城丰盛胡同有座谭宅，驰名中外的北京谭家菜就诞生在这里。谭家菜之长，不仅在于肴馔精美适口，更在于这里的人文环境。首先，就餐者多为文化较高或学有专长之人，这里的文化气氛极浓，因而号称“文宴”。无论是先在丰盛胡同，还是后来搬到宣武门外米市胡同南海会馆，周围的就餐环境均有花木之胜。尤其是在米市胡同新宅，前院的三间正厅为待客就餐处，名清懿堂，堂内皆为紫檀家具，盆景玲珑，文玩满架，四壁悬名人书画，环境十分雅静。食客在品尝佳肴，酒酣耳热之际，各出所携，或一部宋元椠本，或一卷唐、祝妙墨，互相观赏，互相鉴定，不仅满足口腹之欲，而且交流学问、交融艺术，充满十分高尚的文化气氛。难怪有人说，若干年后也许还会有人做谭家菜，但是那种特殊的文化艺术气氛却难免会成广陵散之绝唱了。

谭家菜的就餐环境，尽力强调建筑与环境，乃至与活动、餐饮等内容的和谐统一，构成了东方文化特有的魅力。

建筑空间可分为个人空间和共享空间。个人空间在以往的建筑设计中一向被忽略，而这一空间才是体现个人的特点、生活习惯，甚至民族习性、国情差别之处。人人都有隐私，人人都希望有个人的天地，家庭也是这样。

四合院空间也是一样。由街门进来，直到房间门所引起的心理和行为的变化，就是建筑布局造成的环境气氛的变化，具体表现为外门、庭院小径、屏门、二门、门廊、门斗的设置，形成了由外到内的环境缓冲，这对保护个人隐私、保护个人空间非常必要，它给人一种思想上和行为上的心理准备，以利于在思想和情绪上的由“公”到“私”的变化。四合院的空间环境安排，有效地保证了私密性，人住其中，有一种安全和静谧的感觉。

从宅门进小院，到前院，最后进入内院，空间变换颇具匠心。正房经两侧走廊所分割的空间，正是使人产生深邃感的奥秘。尤其是在四合院的花园当中，叠石成山，栽竹种柳，铺设小径等手法，组织成大大小小、曲曲折折、错错落落、虚虚实实的不同空间，中间点缀着疏疏密密、高高低低、长长短短的亭廊阁榭，更因其特殊的技巧和魅力，增添了空间的朦胧感，使人有新奇、迷茫的感觉。墙，高者如屏障，一墙之隔，闻其声而不可见其面；低者似凭栏，墙之内外，组成各自独立又互相联系的局部。廊则曲曲折折，虚实相间，可通馆舍阁台，可赏雪月风花。至于榭和亭，在疏林中、清波上，或凭栏戏水，或倚柱观云，极尽赏心悦目之事。

四合院环境的空间艺术，最妙之处就在于建筑与自然的和谐。建筑本身可以是完美的，但是如果它与周围的景观不协调，就会使人有一种不愉快的感觉。最佳的建筑总是与周围融合于一体的。四合院与自然的和谐，不仅体现在院子内外遍布的花草树木。就建筑本身来说，其屋顶并不大张声势，它只是面对苍天，平面展开，引向现实的入世理想；不是去寻求一种强烈的刺激和崇拜，而重在生活情调的熏陶和感染；从而无声地表白着自己平和的心态，谦逊地鞠着躬。它非常简单而重复的基本单元，组成复杂的建筑组群，在严整中富变化，变化中求统一，把空间意识转化为时间进程，体现出一种理性精神。最好的建筑应该是使我们居住其中，却感觉不到自然在哪里终了，艺术在哪里开始。

四合院里的北京

四合院中的生活

四合院中的四季该是多么诱人。这是那些囚于高楼中的人们无论如何都难以想象的。

四季中的四合院

“一年四季无一月不好”，这是郁达夫寓居北京期间，据亲身感受所发的感慨。

20 世纪 80 年代的一年秋天，中元之际，好雨初晴，金风乍到，适在京华的邓云乡先生诗兴大发，写下了一首五言诗，记下了在宣南四合院内外所感受到的秋之诗情，并把它寄给了俞平伯夫子。

不久，夫子回答道：“奉手书并新著五言，得雨中幽趣，为欣。视我之闷居洋楼，不知风雨者，远胜矣。”此时的俞老夫子，住的是钓鱼台附近的南沙沟高级住宅，楼高不过三层，且有高大的玻璃窗，窗外是一片绿树。然而，他毕竟是在老君堂那古老的四合院中住过，古槐书屋的经历，使他置身舒适的现代住宅中仍对昔日场景难以忘怀。

可见，四合院中的四季该是多么诱人。这是那些囚于高楼中的人们无论如何都难以想象的。邓云乡以他的一生经历，全部才华，为四合院想了四组词语：“冬情素淡而和暖，春梦混沌而明丽，夏景爽洁而幽远，秋心绚烂而雅韵”（邓云乡：《北京四合院》）。

静谧的四合院

春

小院闲窗春已深，
重帘未卷影沉沉。
倚楼无语理瑶琴。
远岫出云催薄暮，
细风吹雨弄轻阴。
梨花欲谢恐难禁。

李清照的这首《浣溪沙》词，典型地描写了春天里北方民居院中的风景。照理说，北京也在北方，可这种薄暮出云、风吹异雨的时光并不多，因为北京的春天多风。“不刮春风地不开”，北京的春风被称为“大黄风”，说刮就刮，没结没完。然而，狂刮几天的大黄风过后，柳树发了芽，桃李开了花。在屋里闷得太久的人们踱出门来，看孩子在院中“嗡嗡”地抖空钟。此时，天上还会传来一阵阵的鸽哨声，那是大群的鸽子在湛蓝的天幕下翱翔，一派平和、悠闲的气氛。老人们坐在北房的台阶上负暄闲眺，在四合院的深宅中，感受着暖日晴空的可爱。由此形成闹与静的强烈对比，真所谓淑气清新、愉悦和谐。春天带了冲和向上的气韵。

北京的春天之短，几乎是转瞬即逝。几天不出门，原本光秃的枝干上，已经挂满了鹅黄嫩绿的叶子，在阳光下闪着油油的亮光，再过几天，连毛衣都穿不住了，要改换衬衫了。这就到了“绿肥红瘦”的晚春了。此时庭院又是另一番景象。朗澈的阳光透过玻璃窗照进窗明几净的室内，恬静无哗。细闻，屋内飘散着一股若有若无的桂花香气。这不是八月，当然不是桂花的香，而是枣花香，二者的香气极其相似。庭院中的枣花香气更浓。绿树阴浓，鸦巢累累，不时听到乳鸦一两声啼叫。“叶暗乳鸦啼，风定老红犹落”，这种感觉，只有在极静的环境中才宜领会。如今的北京，只有什刹海西岸，郭老故居那深广庭院中的曲槛游廊下，才有可能重温了。

夏

北京的夏季很长，可说的事儿也多。北京的夏季来得尤其快，四月初八的浴佛节一过，差不多就算春尽夏来了。

吴宓在北京教书那几年，曾有一首诗写到四合院中的夏季。其中，给人深刻印象的是“朱户树荫夹广路，绮窗花影映阶除”两句。笔者之所以对这两句感触特深，是因为它就是自己少时生活的写照。后一句是写自家院中景色，每天早晨起来，东升的太阳照在西屋的窗前，一出门就是此情景。前一句呢，是在上学的路上。学校在北长街，从这条路上经过，两边是又高又密的大槐树。路边的万寿兴隆寺和昭显庙那高高的红墙和大门，就掩映在这绿树丛中。尤其是它们的红墙，直直地列出半站地，给人高深、神秘的感觉。听说昭显庙还是毛泽东早年来京时活动过的地方。它的南面不远，就是历史学家吴晗的家。

夏季消暑，四合院中的普通做法，是用冷布糊窗。冷布非布，是用单股细纱织成的纱布。用来糊窗极为透风爽朗。四合院的门窗均为木制，夏天在大方格（或其他几何图案）窗上糊冷布，另有纸窗在内，有风时落下，无风时卷起，俗称“纱屉子”。雪白的东昌纸做的新卷窗，使屋内洞然，清风徐来，并且便宜方便。屋门上挂竹帘子，讲究的挂珠帘子，借此外望院中日影，带露水的花木。到了晚上，坐在黝黑的院中乘凉，室内灯下人影朦胧，极富诗意。竹帘所带给人的感觉，是住过四合院的人们所无法忘却的。

“那是一天下午，我卧在床上。窗帘垂着，廊下的苇帘也放着，窗外的浓荫，绿水般渗透到屋里来。微微的凉风，和着鸟声蝉声，都送到我耳中。我那时的神志，稍微清醒一些，觉得屋里洁净无尘，清静的很。”冰心的小说《奇异的梦》中的这段情节显然与作者的四合院生活紧密相连。因为这里所记述的，夏日里窗前的廊子上挂苇帘，屋内凉爽、清静的环境，是四合院中午后大热天的典型情景。

四合院中也有搭天棚的，但比较费钱。北京过去有一行，叫“棚铺”，专为大户人家在四合院中搭天棚。他们备有芦席、杉篙、小竹竿等天棚用料，愿搭者，叫一声就有人来，顶多半天儿工夫就能搭好。而且，用料算是租的，秋天时全部拉走，又经济又省事。昔日就连皇宫里也搭天棚。清朝的道光皇帝写诗记述道：“消夏凉棚好，浑忘烈日烘。自无烦暑至，飒爽畅心中。”听邓云乡师讲，就连洋人开的协和医院，也曾在院内搭过天棚。由于该院是仿古的楼房，所以，天棚要搭四五层楼高，且可张可合，令人惊叹。可见当年搭天棚的技艺之高。

搭天棚和买冰，差不多是同时的事儿。冬天从河里拉来的冰，存在冰窖内，到了夏季，需要者向冰铺订好每天要的量，一清早就给送来，用骡车拉着，上盖席子。到用户门口时，用一种大扎枪似的镩子把大冰块破开，送进院内，每月付款一次。用户买来的冰，放在木制的两门冰柜内，里头四面镶着铅板，上一层放食物，或酸梅汤，下一层搁冰，冰下有圆孔，冰水由此流入柜下的盆中。冰还可放在一个大盆里，置于室中，用于降温。望着冰面上浮出的缕缕凉气，让人从心里觉得凉快。

镩冰

夏天的四合院

有的人家还把隔扇也拆下来，换成大布帘子。另外，依着走廊的长度、高度，在屋门外，台阶之上再挂一层高大紧密的竹帘，把庭院中灼眼的阳光完全隔离在帘外，在这种重帘之下，本已高大深邃的房间，更加感到阴凉适体，午睡时甚至得搭上条夹被。有首儿歌说得好：“好热天儿，搭竹帘儿，歪脖树底下，有个妞儿哄着我玩儿，穿着一件红坎肩儿，梳油头，别玉簪儿，左手拿个小花篮儿，右手拿着栀子、枝莲、茉莉串儿。”用冰的人家享受着无穷的凉意，可在冰窖干活儿的人，由于长期处于严寒之中，到了老年无不患上老寒腿，纵然在溽暑之中也要穿着厚厚的棉裤，重的还要拄上双拐，在蹒跚中度过余年。

北京的夏景最可爱，表现的形式也是多方面的。公园（指中山公园，当时称“中央公园”，简称“公园”）。北海有夏景，街头洋槐下有夏景，出了西直门，“月傍西山青一掐”也是夏景。北京的夏景，更多的还是体现在四合院当中。鼓王刘宝全当年有一段常说的《西厢记》，是京韵大鼓中的杰作。其中也提到夏日四合院中的风光：“穿游廊，过游廊，不多之时到西厢。人人都说西厢好，果然幽雅非比寻常。清水的门楼安着吻兽，上马石、下马石列在两旁，影壁前头爬山虎，影壁后头养鱼缸，慈姑——水里长，荷花——开茂盛半阴半阳，红的是石榴，白的玉簪棒，蓝的是翠鸟儿，绿的本是夜来香……”这个段子名为《西厢记》，可写的完全是北京庭院的夏景，它抓住的主要特征十分准确。有人更将这一系列的特征概括为四景，即“冷布糊窗，红榴点景，天棚遮阴，大缸红鱼”。

在这几句话中，一、三句已在前文介绍，这里再把二、四两句做解释。老北京对石榴树颇有感情，在它的身上寄托了很多的希望。首先，石榴花盛开，象征主人的日子红红火火，蒸蒸日上。其次，石榴多子，而多子多福正是世代中国人的理想，北京人当然也不例外。所以，过去的四合院中，少则一两盆，多则数十盆，摆在庭院，景色壮观。鱼缸石榴树外，间莳夹竹桃及百日红，取其耐曝。夹竹桃有粉红、黄、白三色，百日红

恭王府花园方塘及观鱼台（湖心亭）

南海荷塘

则可花开持续百日。矮盆盆栽，多养水珊瑚、草蒲莲、韭菜莲、八宝儿、野杜鹃等。北方的花卉很少有香味，而有香味的，像晚香玉、茉莉花等，多系南方花卉。每当街上传来卖这些花的叫声，四合院中就有人出门，唤其进院选购。一见有买主，卖花的更来了劲儿，一连串地喊出“买玉兰花儿来晚香玉，晚香玉来香绒花，指甲草来茉莉花”，最后再饶上一句“听叫儿的知了儿！”上扬音，有如贝多芬交响乐高亢的结尾。

老北京人在自家院子里养花，也像他们布置自己的住房一样，寄托着一种追求吉祥圆满富贵的愿望。这不仅可以使一年四季中，春季有花，夏季有荫，秋季有果，而且海棠与梨花象征着棠棣（兄弟）之间的和睦；石榴花用自己的鲜红翠绿点缀庭院的富贵气氛之外，还寓意着多子多福；而满院的枣树之“早”，更表达了对富贵追求的迫切心情。葡萄既可观赏，也能遮阴，还有果实可吃，一举三得。尤其是一到金秋，有条件的人家还在房屋的四周，乃至台阶、窗台上摆上黄、白色的菊花，更显高雅。

在这些盆栽之间，常常错落有致地摆放着大小鱼缸。这当然是指中产以上的宅门。对小户人家来说，也许只有一盆，或放在庭院当中，或置于进门的影壁后，鱼缸细者为瓷质，粗者为瓦质。上等的宅门有专门的鱼把式。

黄昏，赤盖西坠，晚风微荡，夜幕开始降临。这时，成群的萤火虫在四合院中飞舞游弋，发出一闪一闪的亮光，像是一盏一盏的小灯笼。晚饭已经吃过，收拾好，搬个小板凳坐在当院，芭蕉扇有意无意地扇着，沏壶小叶茶慢慢地喝着，邻人之间开始拉开了家常（当然这大多是指三四户合住一院的情况）。所聊的家常内容十分广泛，可谓是“无主题变奏”。

此时，屋里的灯关着，屋檐下，黑暗中，飘来草茉莉、夜来香的香气。更有盲目艺人或随师歌女，两三成行，弹弦敲鼓，串巷卖唱。有意者，可将其请进院来，商量好价钱，随即开唱。常常是几吊铜板，就能唱彻午夜。所唱多为单弦牌子曲、竹板书、鹦哥调、南城调等，冰弦幽韵，入耳清越，暑热顿消。张恨水正是依着盲艺人的这类生活，创作出长篇小说《夜深沉》。

老舍在《四世同堂》中详细描写了“老北京”祁家的夏日傍晚的光景：

> 多么晴美的夏天晚上啊。到五点多钟，斜阳使西墙给院里铺上阴影，枣树上半大的绿枣都带着点金光，像一颗颗的宝石。灌几壶水，把有阴凉的地方喷湿，好使大家有个湿润凉爽的地方吃晚饭。晚饭后，老人必浇一浇花，好使夜来香之类的花草放出香味，把长鼻子的蜂子招来，在花朵外颤动着翅儿，像一些会动的薄纱。蜻蜓，各种颜色的蜻蜓，在屋檐那溜儿飞旋，冲破了蚊阵，蝙蝠们逐渐地飞出来，黑黑的像些菱角，招得孩子们把鞋扔上去，希望能扣住一个大菱角。乌鸦，背上带着霞光，缓缓地由城外飞回，落在南墙外的大树上。小燕儿们一排排地落在电线上，静静地休息飞了一天的翅膀。天上飞过一阵红之后就慢慢灰暗起来，小小的凉风吹来，吹过一阵强烈的花香。这时候，孩子们说了一天的废话的小嘴，已经不大爱张开，而请老人给他们说故事。老人的故事还没说完，他们已闭上了眼，去看梦里的各色小鱼与香瓜。

入夜，当四合院里的人们正在熟睡之际，不知不觉中，阵阵乌云压上房顶，突然一道闪电划破天空，眼前倏忽一亮，紧接着是“咔啦”一声巨响，一个炸雷在天上爆响。顷刻间，瓢泼大雨从天而降。在北京，热到六月中旬，“分龙兵”之际，往往都会骤降大雨，且“狂风暴雨不终朝”。不过，大雨常常带来凉爽，热气顿消，下半夜，人们就睡得非常酣畅了。窗外，淅沥的檐漏声，夹着如注的雨水而来的凉风，伴随着冒雨击敲的更锣声，干枯、沉滞。

有时淫雨连绵历时数日至数十日不停，或降而复止，止而复降。此时虽无暑热，但因无法出屋，反觉无聊。偶尔，街上传来“赛牛筋儿豌豆”“秋梨膏糖来得彩”（以摸彩为诱饵，吸引小孩来买秋梨膏糖之意）的吆喝声。憋在屋内太久的孩子们，再也不怕大人的呵斥，变着法儿地要溜出门去，哄购为戏。

如果心境好，且有闲空，不妨搬把躺椅放在廊下，并泡壶茶放在脚边，再点上一支烟放在口中，来一番“一夜听夏雨”的特殊经历。这得是连绵的中雨或小雨，而不是大雨，水滴声在阶下响起。葡萄架上也有雨打叶子的“嗒嗒”声。此时，静听四周的雨声，不禁想起人生旅途上的凄风苦雨，任思绪自由驰骋。纵然是忽而将至的雷阵雨，听来也别有趣味，“已止还复作，泻檐声更长”。

雨后，院子里的砖地湿漉漉，黄泥地烂得像芝麻酱。檐口上、枝梢头，还不时滴下水珠。蜗牛爬上台阶，甚至爬上墙头，成为阴雨天最大的受益者。

宽敞的院子不仅利于种花种草，使人一出屋就能感受到争芳斗艳、幽香四溢的奇花异草，而且可以供人练太极拳、剑。已去台湾的李书良老人回忆说，他大爷当年就是在院里练太极拳，每天天不亮就起来锻炼，无冬历夏，以至确实练出些功夫。寒冬腊月他只穿一条单裤，却不感到冷，而且从不感冒。这实在应感谢院子给他提供的运动场地。

秋

凡在北京住过的人都知道，北京一年四季中，冬天太冷、春天多风、夏日苦热，只有秋，那才是北京的黄金季节。秋天的天空蔚蓝蔚蓝，秋天的阳光金亮金亮。一早醒来，纸窗外面传来“沙沙”的声响，那是一阵清凉的秋风在向你问好呢。透过纸窗上的冷布，可以望见渺渺蓝天上的朵朵白云，最凉爽、最舒服的秋天的早晨，就这样走进了人们的生活。

1934年，郁达夫由青岛避暑归来，路过北京，在这儿住了整整一个秋天。他旧地重游，重温京华秋梦，写下了有名的散文《故都的秋》：

> 在南方，每年到了秋天，总要想起陶然亭的芦花，钓鱼台的柳影，西山的虫唱，玉泉的夜月，潭柘寺的钟声。在北平，即使不出门去吧，就是在皇城人海之中，租人家一椽破屋来住着，早晨起来，泡一碗浓茶，向院子一坐，你也能看得到很高很高的碧绿的天色。听得到青天下驯鸽的飞声。从槐树叶底，朝东细数着一丝一丝漏下来的日光，或在破壁腰中，静对着喇叭似的牵牛花的蓝朵，自然而然地也能够感觉到十分的秋意。说到了牵牛花，我以为以蓝色或白色者为佳，紫黑色次之，淡红色最下。最好，还要在牵牛花底，叫长着几根疏疏落落的尖细且长的秋草，使作陪衬。

在这里，郁达夫用饱含深情的笔触，浓墨重彩地描绘了四合院中的秋的风景。的确，这种季节变化所带给人的感觉，更多地体现在四合院的日常生活中。

入秋以后，四合院的风光一天比一天动人，处处点缀着一丛丛花草，大部分是草本的，也有盆栽或地种的。郁达夫曾赞美的牵牛，在四合院内广泛栽种。北京俗称“勤娘子”，因为观赏牵牛花的最佳时间是在早上，尤其是凌晨，而太阳一出来，它就要谢了。所以，用它比喻勤劳操持家务的妇女最合宜。梅兰芳先生生前最喜爱牵牛花，每天破晓，窗纸刚出现清白色，梅先生就披衣起床了。此时的院里，晓雾迷离、晨光熹微，梅先生缓步下阶，感受着浸浸凉意，阵阵花香，顿觉神逸气爽。破晓而起，既赏花又练功，真是一举两得。

“京华儿女事奢华，小院风情更足夸。摘取阶前指甲草，轻矾夜捣凤仙花。”邓云乡这首《京华竹枝洞》中所说的凤仙花，就是小孩常种的指甲草。小女孩喜欢把它的花捣碎，用来染指甲。如果再加上明矾，颜色会保持得更长。不仅如此，复瓣的凤仙花还有着月季、玫瑰般的美丽姿色，妩媚动人。

此时的晚香玉已满含了累累花苞，正到了剪取入瓶的时候。把它放在床头柜上，睡梦中都能闻到满室的冽香。玉簪也是到了晚上才开放，其香气不同于夜来香，是一种幽香，像兰花，更显得清幽高雅，像一位白衣仙女。

进入仲秋，秋色渐浓，阳光变得更加可爱。在金色阳光洒满院落的下午，孩子们最喜欢干的一件事就是打枣。“七月红圈儿，八月落杆儿”，此时正是枣树果实成熟的时候。只见那鲜红的果实缀满枝头，压弯了杈桠，一片喜色。

据说，枣树不打不结枣。所以，每年成熟的时候，人们大多用竹竿子敲打枣树。“打”而不是“摘”枣，还有一个好处，就是可以少让洋拉子蜇。洋拉子是一种短而肥、绿色的毛毛虫，一旦被蜇上，火辣辣的刺痒，十分难受。

北京的枣有很多种，有的大如核桃，也甜，但有些糠，密云出金丝小枣，从断开处能拉出蜜丝。笔者家中树上的枣品种不错，个儿虽不大，但又甜又脆，还没虫儿。懂行的朋友说，这就是北京有名的“郎家园枣”。像这样四合院中有枣树的人家，在老北京几乎比比皆是。

打下枣来，邻院相互间送一盆，互相交流，比较品尝，同时也密切了关系。在过去，邻里间很少有因为偷枣而打架的，纵然是邻院的枣树枝垂到了本家，打下的枣也要送还主家去。当然，主家也不会收。

由于几乎家家院里都有枣树，因此，人从胡同中经过，从院墙外就可以看到，有的还伸出院外。东四十二条的一户四合院中，至今还有一棵逾百年的大枣树，新鲜胡同一庭院内有棵直径超过一尺的大酸枣树，民族大学附中校园内的大枣树有近三米粗，树冠硕大，树干上布满突起的树瘤，显得老态龙钟。

金秋时节，碧叶丹果掩映着青砖黛瓦，半隐半现在围墙上，一派古城风韵，成了老北京街巷中的特有景观。在西城区的广安门附近，还有一条以枣命名的街道——枣林街。街内还有一座枣花寺。该寺建于唐代贞观元年，元代重修。寺内土丘山上曾种有上千棵的枣树，难怪连街道都以它命名了。

以枣命名的胡同就更多了，像枣树院、枣子营、枣林大院、枣树胡同、枣林斜街、枣林前街夹道……当年，朝阳门外的东岳庙内，众多的花卉果树丛中，还有一棵赏心悦目的“苹果枣”。它又叫“冬枣”，原产于山东德州、聊城一带，北京也有。这种枣的个头大，一颗有半两重。熟透了的时候特别好看：朝阳的一面红得像苹果，绯红光洁；背阴的一面还保留着淡淡的青色。它外观美，肉也嫩，还有浓浓的甜味，极为可口。

产于大北窑附近的郎家园小枣，经过改良之后，枣更细，皮薄肉厚，一嚼即化，深红色正，甘甜之至，老百姓称它“落地酥”，是枣中的名品，也是皇宫御果房的贡品。日本曾从中国引入此品种。

秋风不住地飒飒地吹着，秋雨不住滴沥滴沥地下着，窗外的梧桐和芭蕉叶子一声声地响着，做出十分的秋意。墨绿色的窗帘，垂得低低的。灯光之下，我便坐在窗前书桌旁边，寂寂无声地看着书。桌上瓶子里几枝桂花，似乎觉得幽寂不堪了，便不时地将清香送将过来。

秋雨、夜晚、秋意、窗下、桂花的清香——由这些因素构成的，是怎样一幅令人陶醉的场景！这正是冰心的小说《秋雨秋风愁煞人》一书开头的描写。它把读者带入了令人难忘而且充满诗意的环境当中，秋寂中的落寞之美，尤其令人产生无限的怜惜和惆怅。作者正是在努力营造这样的氛围之后，开始讲述了一个凄婉动人的故事……

清夜赏月，首先须静心，具有一种闲暇的心境；其次，须有爱美之心。皓月当空，清辉万里，花影婆娑，月光下的四合院屋顶一片银灰，像是凝固的波浪。高高的城楼，就像是飘游在波浪中的大船。开窗延月，月洒桌台，结构着宁静空寂的气氛。

过了中秋，进入了晚秋，金秋好景不在，庭院变得冷落、凄凉了，西风一起，黄叶纷飞，天气转寒。暮色中，入巢的寒鸦噪声不断。此时未到冬天，自然没生火，坐在这庭院深深的室中，灯也未开，领略这一庭荒冷，人生的凄苦涌上心头。在20世纪30年代，首都南迁，北平城里只留下一批读书人，而且大多为外省人，他们写下了很多记述北平景色的文章。这在姜德明编的《北京乎》中都有收录，成了后人领略旧都之秋的极好资料。纵然是没有那段经历，仅读这些文章，也不禁令人生出依恋之情。难怪郁达夫在《故都的秋》结尾处感叹道："秋天，这北国的秋天，若留得住的话，我愿把寿命的三分之二折去，换得一个三分之一的零头。"

冬

北京的冬天，在户外的活动极少。因此关于冬天的回忆，大多限于室内。北京的冬天滴水成冰，风沙也大，所以，特别讲究糊窗户，以防止"针尖大的窟窿，斗大的风"。

此时，夏日的冷布已换成窗纸，用打好的糨糊刷在窗棂上，再糊上洁白的东昌纸，或者粉连纸、高丽纸，连窗框上露木头的地方也用纸裱糊过。《越缦堂日记补》上说：“念戊午春日，坐困学楼，午日正暄，命一僮以桃花油纸糊窗格。暖绿满檐，山蜂乱飞，遂觉春气充溢胸次……”俞平伯在他的《陶然亭的雪》一文中，也记下了这种纸窗屋内的感受：

> 我虽生长于江南，而自曾北去以后，对于第二故乡的北京，也真不能无所恋恋了。尤其是在那样一个冬晚，有银花纸糊裱的顶棚和新衣裳一样綷縩的纸窗，一半已烬一半还红着，可以照人须眉的泥炉火，还有墙外边三两声的担子吆唱。因房这样矮而洁，窗这样低而明，越显出天上的彤云格外的沉凝欲堕，酿雪的意思格外浓鲜而成熟了。我房中照例上灯独迟些，对面或侧面的火光常浅浅耀在我的窗纸上，似比月色还多了些静穆，还多了些凄清。当我听见冷落的院子里有脚步声，一会儿必要跟着“砰”关风门了，“砣搭”下帘子了。我便料到，必有寒紧的风在走道的人颈傍拂着，所以他要那样匆匆地走。

俞平伯记述的，是他1924年冬，在北京东华门侧，一条曲折的小胡同里的四合院中，在一个欲雪的黄昏，一边烤着炉火，一边望着朦胧的纸窗，看着那暝色渐渐地暗下来，炉火反把纸窗照红时的情景。事情已过去九十多年了，今人还会有幸去体会这瓦屋纸窗的乐趣吗？

像俞平伯这样，在斗室中独赏冻云四合，天将欲雪的晚景，固然是一种乐趣，若三五良朋相聚，则会更加怡然。这最好是在晚饭以后，团团围炉而坐，沏上一壶上好的香片，再来一大包炒花生，边吃，边喝，边聊。炉子上，水壶发出滋滋的水声，正好相助谈兴。或柴米油盐，或儿女情长，或身边琐事，或失意人生……谈到忘情处，窗外的呼呼北风、深巷中的阵阵犬吠，不远处小贩的吆喝，都被隔在了外面，剩下的只有欢声笑语。

咸丰九年，李越缦日记云："寒甚，拥炉与叔子谈终日，夜与叔子围炉续话。三更，叔子招吃粳米粥。以萝卜、生菜佐之，颇有风味。"事隔近50年，1912年11月18日的《鲁迅日记》也记载说："又购一小白泥炉，炽炭少许，置室中，时时看之，颇忘旅人之苦。"二人都写到了北京冬日围炉的往事，可见此举颇多动人之处。邓云乡《忆江南》词赞叹道："忆京华，最忆是围炉。老屋风寒深似梦，纸窗暖意记如酥，天外念吾庐。"与之相比，白居易的诗有异曲同工之妙："绿蚁新醅酒，红泥小火炉。晚来天欲雪，能饮一杯无？"

围炉之乐，不仅可以温暖身体，还可在闲谈中娱悦心灵。民俗专家邓云乡先生离京赴沪后很多年，依然眷恋着京城寒冬的围炉之乐，这更是一种对家的眷恋，一种回归本土文化的迫切心情。

冬季的室内，最缺少的就是生机。因此，北京人变着法儿地来弥补这些不足。穷人家把白菜疙瘩、萝卜头之类的栽在水里，指望的，就是它头上冒出的那几片嫩叶。讲究点的，自然少不了养水仙。

养水仙，北京的行话叫"晒水仙"，一个"晒"字，道出了养水仙的奥妙。不懂行的，养的水仙傻长叶，老高老高，却不爱开花。养得好的水仙，则长得很矮，花却又多又旺。阳光、湿度和温度——这是养好水仙的主要因素。养水仙，屋里太热不行，否则长得飞快。毕竟水仙头中的养分有限，长了叶就开不了花。因此，适当的温度尤其重要。好的办法是，白天把水仙放到屋外去晒，只要阳光直射到水仙上就冻不了。这就能限制叶子的生长速度，以便留出养分给花朵。到了晚上，不但要把水仙拿进来，而且要倒掉盆内的水，

清代皇家冰上娱乐项目——冰嬉图

把水仙放在地上。到了第二天，再重新拿到外头去晒，如此往复，直到开花。

除了晒水仙，吃火锅也是免不了的。在冬天，老北京人很喜欢吃火锅。徐凌霄《旧都百话》评论说：“羊肉锅子，为岁寒时最普通之美味，须于羊肉馆食之。”其实，吃火锅未必非去饭馆，在家里也一样，铜制的火锅，中间是炉膛火口，四周是容纳菜肴的锅槽，上面有圆洞的锅盖，锅子中装好菜肴，把木炭放在炉子上点燃，放到火锅中膛，用力扇旺，一会儿，锅烧开了，端上桌来。那才是“围炉聚饮欢呼处，百味消融小釜中”呢。

在水果中，冬天最可吃的就是冻柿子。深秋，柿子熟了，放在窗外，能冻得铁硬。吃时，将硬的柿子泡在冷水里。一会儿，柿子外面就结了一层薄冰壳，而它的内部却变软了。这时，把化软的柿子放在一个小碟里，用一个金属小勺掏着吃。也怪，经这一冻的柿子，反而比没冻时更甜了。据说柿子是暖肚的，纵然是凉着吃，也不会闹肚子。可惜的是，北京的冬天越来越暖，柿子放在屋外也很难冻上了。

上面说了这么多，基本上都是大人的活动。孩子在冬天里干什么呢？孩子的乐趣在下雪的时候。那时，在庭院、花径之间，堆雪人、打雪仗之外，还可以滑雪。这是差不多所有的孩子都喜欢的户外活动。北京的冬天，一般要下好几场雪。这样，孩子玩雪的机会也不少了。

如果四合院中带花园，那简直就是赏雪的胜地了。花园内，错落有致的屋顶变成了琼楼玉宇，亭子边那原本枯败的枝干也披上了毛茸茸的雪袍，显得丰腴、高洁。园中的小山，全部被雪覆盖了，长长的廊子更显得玲珑、俏丽。漠寒云、皑皑白雪，使人如置身水晶宫中的感觉，真正是“璀璨崇台银世写，杈桠老树玉龙蛇。”

有人说，季节是一位技艺高超的化妆师，他能魔术般地变幻出各种色彩来，让人们尽情地欣赏，由衷地赞叹。了解了四合院中四季的魅力，应该说，此言不虚吧？

雪后的四合院门口

四合院中过年节

由年月日与气候变化相结合而排定的节气时令，是构成传统年节的基础。而民俗活动又是传统年节的主要内容。有趣的是，传统年节期间的民俗活动，绝大多数都是在四合院——老北京最普遍的居住环境中进行的。

在中国持续了几千年的封建社会里，社会的基本单位不是家庭，而是家族。而四合院建筑结构也正是为家族生活需要而设计的。从节日的来源分析，以增加家庭内部团结为目的的祭祀活动，成为日后形成众多节日的最初动因之一。这一特点在老北京人的节日生活中显得尤其重要。像除夕夜家族团聚大开年夜宴之际，头一项活动就是祭祖；盂兰盆会以点荷灯的形式为逝去的先人引领回家的路，并在家中祭祀；清明节家庭为祖先扫墓，吃冷饭；等等。这表明，年节期间的祭祀活动，无不是在强化家族利益，强调凝聚力，强调个体对整体，晚辈对长辈的服从。这一主题不也正是四合院设计所要突出的东西吗？正是在这个意义上，可以说四合院为开展传统年节活动提供了最理想的场所。二者在宣传“三纲五常”方面确有异曲同工之妙。与此同时，众多的年节活动也为传统四合院带来了活力，成为四合院文化的重要内容。

王府里的腊八节

在明朝，皇子实行分封制，皇子一到岁数就要分配一处王府单过。而且这一王府往往远在外地。进入清朝，限制各级皇亲的自由，王府一律建在城圈内。由此形成的王府生活，必然成为老北京人日常生活的特殊组成部分。另外，王府由于与皇帝的密切关系，不仅地位显赫，而且收入丰裕。这种有钱又闲的优越条件，正是产生消闲文化的沃土。所以，睿王府的后人金寄水先生说得好："王府生活，从表面看有些很显隆重，可内容往往贫乏。较有趣味者，只在借节令而消闲也。"（《王府生活实录》，中国青年出版社1988年版，第50页。）

老北京人历来把腊八视为春节开始的信号。此时把剩下的五谷杂粮集中打发了，以利于来年时吃新的。另外，熬腊八粥、送腊八粥也成为家族内部和邻里之间增加联系的重要方式。每到这时，各家各户的灶台边往往围满了孩子。因为夹杂着枣、核桃和栗子的腊八粥，再拌上红糖，这对于一向缺少零食的孩子们的确充满了诱惑。由于各家经济条件、生活习惯、饮食口味不同，所以熬出的腊八粥也各有特点。富裕点的人家，借给街坊四邻送腊八粥之际不无显摆，就是紧巴点过日子的人家，为了礼尚往来，也不能不有所表示。于是，胡同内邻近的几座院子间，同院内南屋北屋、东院西院的邻居间，相互送腊八粥的情形也构成了一景。

在王府，腊月初八这天，也是上下齐动员，大熬腊八粥。这成了冰天雪地中全家的娱乐项目。

金寄水先生说，睿王府中的内宅大厅安福堂，是祖母的住处，最尊贵，最清静。可

老北京祭灶

灶神

腊八粥开熬了后，房内支起四五个头号大炉子，主仆出出进进，太福晋亲自指点，事必躬亲，从腊月初三四至初七晚，要乱哄哄地忙上四五天。

腊八这天一早，熬好的细腊八粥先要摆供，祭佛、祭祖，然后将粥装在瓷罐内馈送亲友。

王府熬的是细腊八粥，用米十种，粥果更全，在粥锅表面摆成方形图案，五香十色，别有风味。王府内喝腊八粥时还要配上四样粥菜，四样点心，俨然一场小型宴会。然而，喝粥毕竟不能代替正餐，中午的正餐往往是打卤面，称“腊八面”。

腊月二十三的夜晚，王府内的神殿前摆上了煮肉的大锅。同时，院子里还摆上了供桌，依次摆好供品，其中最主要的是一只黄羊，平放在一个大木槽里，放在供桌后面。这就是“黄羊祭灶”。

天一擦黑，外面响起了鞭炮声。晚上八点，内宅正厅内人影绰绰，烛光掩映，只听靴子响，不闻人语声。王府内的祭灶仪式正在隆重举行。不光是一般的太监（服务人员），就算是王府中的女眷也不能进入。为时不久，随着一声“点鞭”的高喊，殿外鞭炮齐鸣、冲天震地，灶王画随之焚化，宣告祭灶结束。接下来，住在各院中的妇女小孩们，都会收到由太监送来的糖瓜、糖饼等供品，名曰“送供尖儿”。

过新年

等到祭灶的景刚过去，准备过年的诸多活动又开始在四合院中展开了：先是扫房，把家里的被子褥子、锅碗瓢勺、座钟挂件，一律搬到院子里来，把空屋子的每个角落都要来个彻底清扫。漏了的顶棚、窗户，都改用新高丽纸糊个四白落地。

除旧布新

“二十四，扫房日”，这不仅是民间的风俗，王府亦复如是。只是王府内院落更多，厅堂轩馆不下百间，打扫起来非一日可毕。于是，二十五六也要做此事了。届时，随处佣仆“各抱一角”（门前“三包”），上下人等也动员起来，擦窗扫壁，将各处暗楼、隔扇、栏杆、落地罩等一律清扫一遍。由于室内摆件件件价值不菲，大自鸣钟、瓶鼎彝尊、玉件金器等，有的用油擦，有的过清水，再物归原位，需格外小心。

接着是接生婆子的话——“大喜（洗）啦！”大人孩子的衣裳袜子，外带椅套被面床单，一律都要干净。天冷，洗时肯定要在屋里。可晾时就大多挂到院里，宽绰，得干，多洒点水也没关系。赶上邻居二婶三妹的也在洗，还要拉会儿家长里短。

为准备过年期间的吃食，也是四合院中人们在腊月里要进行的重要工作。蒸一大锅馒头、糖三角、豆包、花卷什么的，那是肯定的。一来讲究初一至初五不动刀剪，二来谁能说得准哪家亲戚什么时候来？还不得事先预备着。像炸鱼、炖肉、做豆儿酱、芥末墩什么的，都得事先做好备用。为显示手艺，各家的主妇还要做一些有特色的炸食、小吃什么的。而做好的这些吃食，大多要收藏在屋外的大缸里，利用冬天这个“天然大冰箱”来储藏。

大人孩子一通忙碌之际，还得注意听门外的吆喝声，好买一些松树枝、芝麻秸留着除夕晚上用。

除夕夜，四合院的堂屋内一定早就摆好了祖先的牌位和干鲜果品等供物。年夜饭开始前，全家人在家长的带领下，依次向祖先牌位叩首，缅怀先人的恩泽。此时，偌大个院子静寂异常，充满了肃穆的气氛，直到祭祖完毕，团圆宴开始。

大年三十晚上，对王府生活来说，可算是一年中最热闹的时刻。掌灯之前，院外传来小孩“送财神”的叫喊声。院内，太监们忙着将大捆的芝麻秸遍撒地上，谓之“踩岁”，意在驱邪。

（清）徐扬《日月合璧五星联珠图》

接着，穿红青色褂子、头戴红缨帽、足穿棉靴的用人，将屋廊、影壁、粉墙、游廊等处的各式灯笼点亮，王府上下凝辉焕彩，喜气洋洋。殿堂内更是宝炬荧荧，檀香袅袅。又有香橼佛手、牡丹、梅花等盆景，宝暖花香，倍增情趣。由于各殿堂的大玻璃都设上隔板，所以三重院子都能透过各个殿堂的前后玻璃窗看得清清楚楚，一直看到最后一重粉墙上的各式玻璃框架内的壁灯，历历如画，一览无余。

由于各府的王爷、爵爷除夕之夜要去宫里先给皇上辞岁，等到回王府时已过九点。此时，王府的除夕宴才正式开始。为此，女眷、孩子可在晚七时左右先吃一次点心，不仅有各种细馅包子、炸金钱饸子，还有小碟冷荤年菜。

除夕宴前先要进行家祭仪式，秩序与百姓家的大同小异。不同处在于，家祭之后、宴会开始之前，王府内还要举行辞岁仪式。

仪式在正殿内举行。中央摆着屏风，前设宝座，两旁放两高两矮四个小方儿，上面摆放苹果、如意、大瓶、香炉，以及冻柿子、面桃、年糕、香瓜等。辞岁时，太福晋在殿内宝座上就座，众王爷率家眷行两跪六叩大礼，太福晋则向晚辈分压岁钱。据金寄水先生回忆，他家（豫王府）在辞岁时的一个特别之处，是要在殿内放蝴蝶，蝴蝶是养在花洞子里的，彩蝶放飞之际，太监高呼："太福晋年年吉庆，瓜瓞绵绵。"这是普通百姓家无法比拟的。

晚上七点多时已吃了饭，又经辞岁的烦琐仪式，等到真吃除夕宴时人们早没了兴致，纯粹成了点缀。王府内的除夕宴年年是固定的菜谱，无非是饮屠苏酒，说吉祥话。这与平常百姓家大年夜吃饭时的热闹景象形成了鲜明的对比。

从初一起，四合院中的欢笑声和鞭炮声不断，要持续好多天。

当年夜饭用完以后，包饺子就随即开始。春节期间皇宫里也要吃饺子，而且一吃就是五天。只是初一要吃素馅，初二至初五才能动荤。因为元旦这天满族上层要举行祭祖仪式（在堂子），所以要吃素一天。

光绪戊申年正月初二，慈禧太后和众妃嫔一起在宫中吃饺子，依惯例，慈禧应该吃到包有小如意的吉祥饺子，这显然出于太监的有意安排。不想，吃到饭罢慈禧也没吃出来，自然心里不舒服。原来是皇后无意中吃到了，于是偷偷递给李莲英，谎称饺子煮破了，小如意掉在了锅里，捡出递给慈禧才算完事。

这时，家中的长辈往往还有另一项重要活动，就是贴春联。午夜之前，几乎跟商量好了似的，胡同里的大小宅门先后打开，先是一盏纸灯引路，接着走出手拿火红春联和糨子的老者。春联抹上糨子，很快就贴上了门框，邻里间也开始互相欣赏。这是一次各院主人书法、修养、家风、家道的无言竞争。可表面上都是“好，好！”“不错，不错！”“多雅气”之类的赞誉。

除夕之夜长辈给晚辈压岁钱，皇宫里也一样。只是民间装钱用红封套，宫里用平金或绣花的大红荷包，内装金银小如意或金银元宝，虽然分量不重，但制作精致。宫里有地位的用人也要给小宫女压岁荷包。春节期间，大小宫女的大襟上都挂满了大小荷包。

在宫里，正月初一一大早，清朝的皇帝就要出日精门，来到上书房东侧的圣人殿内，在孔子像前施大礼，然后去堂子（今东长安街贵宾楼附近）祭神、祭祖。然后才在宫里接受王公大臣的朝贺，后妃道如意颂吉祥。

正月初二，京城百姓纷纷涌向广安门外五显财神庙去祭财神，祈求新年发财。王府的人不屑去凑热闹，而是在家中祭财神。祭祀的地点往往设在花园内的一所僻静的房子里。为了满足财神爷赵公元帅吃荤的要求，供品要有“小三牲”，即猪头、鱼、鸡。外带三盘熟鸡蛋，三杯白酒。祭祀时为了营造气氛，往往要燃放烟火爆竹，品种有二踢脚、

迎春接福

白云观春节庙会 (1909 年)

白云观春节庙会上卖糖葫芦的人

霸王鞭、天地灯、金盘落月、炮打襄阳城等。同百姓一样，这天也要吃元宝一样的馄饨，取“招财进宝”之意。

打初二起，四合院中的年节民俗活动还有祭财神、顺星（初八，包括散灯花，祭星神马儿、吃元宵等内容）、正月十五挂灯、吃元宵、大小填仓等系列的活动。当然，这期间的亲戚、邻里间的拜年也是少不了的。往往是一拨刚送走，主人屁股还没坐稳，又有拜年的叫门了。欢笑声、鞭炮声此起彼伏。

就一些大户人家来说，他们家的大门外还有特殊的一景，就是塞帖子。昔日官场上的规矩，关系较密，或上下级等求得着的人之间要来往拜访之外，一般的泛泛之交，仅让仆人或送信的到对方家去送张帖子（相当于如今的贺年片），而送帖人到来时，甚至连门都不用敲，夹在门缝中即可——意思到了。

元宵节

元宵节期间，王府内与民间一样热闹，到处是“月华连昼夜，灯影杂星光”的瑰丽景色。

正月十三为“试灯”，是灯节的预演。此时的各式彩灯已由各院落统一集中在正殿前和花园内，尤其是游廊之中、假山之上。方形的绢灯上绘有《红楼梦》人物，长长的游廊成了各式各样彩灯的展览，如扇面形、六角形、苹果形、石榴形，上绘人物、山水、花鸟和各种吉祥图案。

土山的地势本来就高，在上面竖起杆子，挂上纱灯，有如天上的繁星一样闪亮。再加上燃放的花炮，其枝干、花、盆各献其彩。最后燃放的是悬在木架子上的大花盒，各层内容皆是吉祥图案，最后一层为“天官赐福”，突然一变，出现“风调雨顺”“五谷丰登”字样，在高空中飘荡。

观赏的人们坐在花厅里，享受着以元宵为主的果席。最受欢迎的元宵是奶油山楂蜜馅的，从城内的著名饽饽铺买来的。

元宵节一直持续到正月十六晚结束。

在皇宫里，过年之际除了依惯例，要在紫禁城举行隆重的庆典仪式外，其他的过年活动与平民百姓差不多，只是更奢华、更气派。

根据《圆明园：清代档案史料》（中国第一历史档案馆编，下册，第829页）记载，乾隆在位期间，每到过年之际，往往在参加完庆典仪式一周以后，就要乘坐八人大轿离开紫禁城移驾圆明园。

在圆明园里，乾隆下榻的寝宫是九洲清晏。这是一组夹在两湖中间的巨大院落。“九洲清晏”这个命名体现了清朝皇帝希望在小宇宙里一窥天下的心理。与禁壁森严的紫禁城相比，这里更体现出了别墅的清幽和闲趣。

曾看到一幅清朝人画的乾隆皇帝过年的工笔画，画面上的乾隆皇帝身着便装，端坐在宽大的屋宇走廊下。远近的建筑顶端为白雪覆盖，院子里堆起了一个巨大的雪人，丫鬟们在愉快地燃放花炮。俨然一幅平民百姓的过年行乐图。初见这幅图时，望着画面无际处的远山，一时想不起这是何处，但肯定不是在皇宫里。现在想来，这也许正是圆明园内。

“九洲清晏”的“九洲”，明显来自儒家的《书经》里，参照古代中国所了解的世界，希望中国成为四海之内的核心，并象征天下和平与繁荣。在圆明园里，“九洲清晏”也是帝王宫苑的中心。每次来圆明园，乾隆皇帝和他的嫔妃都以这里为住所。

从宫廷画师所绘的《九洲清晏图》中可见，这组建筑虽然仍为四合院布局，依中轴线平面展开，但其具体建筑形式更加灵活、多样，有殿阁、榭等，错落有致，充满情趣。

各院落间既各自独立，又相互连接，曲径通幽。院落里种着高大的乔木（“九洲清晏图”，见《追寻失落的圆明园》，第 35 页）。

院落中的主要建筑“九洲清晏”是一座七间宽大的高台阶建筑，位于院落的中轴线上，房间里摆放着中国和日本的漆器，古代的古董花瓶，丝绸和金丝银缕的饰物。1860 年英法联军闯进圆明园时，也不禁为所见的景象惊呆：“墙上有很大的壁龛，挂起和铺满丝绸垫子作为睡床，一个倾斜的平台让皇帝可以走上去。”（Jean Denis Attiret，A Particular Account of the Emperor of China’s Gardens near Peking，p.23）至于枕头下面，则是一个丝质的手帕，用朱砂写着多人的名字（皇上所幸嫔妃的记录？——引者注），桌子上则摆满了金银、瓷等多种质地精优的奢侈品。

1784 年距元宵节还差 4 天的时候，乾隆皇帝就来到了圆明园，这天的晚饭安排在同乐园中举行。次日早上，乾隆的早膳则移到了长春园中的淳化轩进行，这顿讲究的早膳同昨晚的晚膳一样奢侈。想来元宵节前的这几天里，乾隆吃的大致如此。到了正月十五元宵节之际，传膳时新供应的内容自然要比平时更加丰富，因为这一天乾隆要举行盛宴，招待皇室成员、贵宾和一些蒙古亲王。

同样是依据《圆明园：清代档案史料》（下册）的记载，这天在奉三无私殿的华丽餐厅举行的午宴极为奢华，享用的佳肴有 32 道，包括燕窝鸡丝、烤鸭、片野鸡肉、鹿茸蒸鸭、蒸鸡、烤鹿肉、腊肉和各类蔬菜，主食有蒸菜包、蒸鸡肉汤圆等。热菜之外还有羹汤、奶茶、美酒、冻肉、甜点等。

这些佳肴美酒放置在玉碗、银碟、金盘和珐琅器皿中。各种碗盘的形状也很别致，使用的都是紫檀的桌子，并配有特别的筷子和汤匙。出席者每两人一桌，伴随着柔美的音乐，菜肴一盘接一盘地传了上来。

万国来朝图

晚上，乾隆邀请来宾在“山高水长”大殿前宽敞的平台上落座，边享用各种甜点、饮料，边欣赏烟火。各式各样的烟火在隆隆的响声过后在湖对岸的高空上绽放，五彩缤纷，气氛热烈。此前，还安排了让人兴奋的各种表演，如摔跤、灯舞等。

乾隆在圆明园期间，还要接待来自邻国，特别是朝鲜、安南和琉球的国王，亲王和显要，并设盛宴招待。

清代著名学者赵翼有幸观看了这场表演，并在其所著《檐曝杂记》（中华书局1980年版，第11页）中做了详细记载：元宵节这天的晚上，圆明园门外列有数十架用于放烟火的设备。架子上的烟火被依次点燃，冲上空中。烟火在空中炸开后，有的烧出宝塔楼阁的形状，有的还能从烟火中飞出鸽子或喜鹊。接着是马术表演，八旗兵丁单腿或双腿立在奔驰的马背上，各自跳跃至迎面驰来的马背上，腾身互换。手持彩灯参舞者有三千人，口唱太平歌来回奔走，组成“太”“平”“万”“岁”字样。舞罢，烟火再起，其声如雷，光照半空，一个多小时后烟云仍未散去。

王府过节，所谓情趣几乎都体现在一个“吃”字上。过年期间的大吃大喝不在话下，刚过完年，到了“大填仓”“小填仓”之际，吃的活动又开始了。

“填仓”在清代指充实仓廪的两个节日，进入民国后消亡。但民间这个习俗仍保留了下来。在这两个节日期间要补充些食物。其内容与立春开始的一些节日相同，吃春饼、炸春卷、炸盒子等。

二月二，龙抬头

农历二月，古称仲春，此时的京城已进入了春暖花开的盛季。为了祈祷太阳真君日日高起，普照大地，养育万物的恩泽，二月初一这一天，老北京人要举行祭祀太阳之神的活动。

这天是太阳生日。为祭祀要准备太阳糕，也就是米粉做的圆形面糕，五个一组，用竹扦串起来，下面衬有红绿江米面捏成的莲花瓣，顶部装有江米面捏成的小鸡。

由于有太阳糕，所以祭太阳这一节日很受孩子欢迎，王府内的孩子也是如此。太阳生日还被学馆列为新岁开馆后的第一个假日。赶上天气好，还可以放风筝，有吃的，有玩的，自然不会被放过。

这天一大早，虽然天气还有些寒冷，可四合院的内庭当中已设起了香案，上面供有太阳真君的神马，前面供有三碗太阳糕——用糯米加糖蒸成，上面印着红色的鸡星君法像。

祭祀仪式开始，家族的全体男性在男家长的率领下，遥向东方冉冉升起的红日焚香膜拜。仪式虽然简单，但显得很庄重。供桌上的东西要等到下午太阳落山时才能撤去，随同过年时门框上贴的五彩挂签一并焚化。有钱的人家还要请人来念一天的《太阳经》，同时斋戒一天。

二月初一的祭太阳神仪式刚结束，紧跟着的第二天，二月初二，又是一个民俗节日——春龙节，又叫龙抬头节。这天的主要活动是熏虫、引龙回、照房梁和吃龙须面、龙鳞（春饼）等。中国古代把龙当成圣物，认为其具有驱逐害虫的功能。于是，这一天要用油来煎炸祭祀时用过的糕饼，以其油烟熏床、炕、旮旯等地，谓之熏虫。结束之后还要在院内外遍撒草木灰，这叫引龙回。最后是在房梁、墙壁等处点上蜡油，以驱逐蝎子、蜈蚣等害虫。总之，这一切都是为了在春分之际消灭害虫、清洁环境。

人们在忙乎了一大顿以后，自然不会忘了犒劳一下自己。北京人素以面食为主。昨天为祭太阳神刚吃了蒸的，今儿就改吃烙饼和面条。其做法与吃法并无特别之处，只是叫法有新意，就图个新鲜。

在二月二这一天，老北京人还有一个习俗，就是迎接嫁出去的闺女回娘家，俗称接姑奶奶，文绉点的叫“归宁”。结果恰恰不能归宁。你想，嫁出去的闺女好不容易回趟娘家，还不得放松放松，大呼小叫肯定少不了。加上还有调解兄嫂之间、兄嫂与父母之间家庭矛盾的重任，这里外院归得了“宁”吗？过去，老北京人，尤其是旗人家的姑奶奶，那地位有时比兄长还高呢。老舍先生在《正红旗下》一书中提到的他的姑母，就是一位这样的姑奶奶。

上巳节连着清明节

三月三天气新。本月中主要是清明节。它的前一两天为寒食节，按习俗不开火做饭。因为古人认为春天苍龙位于东方，恐惧火盛，所以要禁火。禁火的另一个原因是悼念功成身退、不图高官，最后被晋文公烧死的介子推。不做饭吃什么呢？主要是吃一种油炸的麻花或馓子，事先炸好，可储存十天半个月。此时的四合院中不但没有了炊烟，连人声也很少，因为都外出扫墓去了。有的大户人家坟地在郊外风景之地，加上借此踏青游玩，因此要在外耽搁好几天呢。

四月初八是“浴佛节”，也就是纪念释迦牟尼诞生。在封建社会，宫中要举行“浴佛节”仪式。辛亥革命后就没有了，却留下“舍缘豆”的风俗。在老北京，这一风俗流行于妙峰山等传统庙会上，在王府里，“舍缘豆”也是一项重要的活动。只是王府做得要比民间更精细，用料更多样。

“浴佛节”前两三天，就要备齐青豆、黄豆、香椿、咸胡萝卜。将这些原料掺上花椒、盐一起煮。四月初八这天，先用其供佛，然后，由王府中的小主人捧着装有缘豆的小笸箩到各院落去请安，说声“进缘豆来啦！”另外，太监要抬着一大笸箩缘豆出府，在街坊四邻中舍，以体现与“万众结缘”的意思。

四月的北京，正是黄花鱼、大对虾上市的旺季，王府里也要借赏芍药之机大开家宴。黄花鱼的做法，主要是在鱼背上抹酱油，然后入锅炸熟，放入肉丝、香菇、海米末儿、玉兰片等，浇汁并洒上鲜花椒蕊，然后上笼蒸，以使鱼、汤和花椒蕊的香气浑然一体，宜酒宜饭。此外还有炸烹、家常熬、夸炖、干烧等数种做法。至于对虾的做法，那就更多了。

此时，正是初夏季节，风和日丽，北京人享受春光的活动多种多样，赏嫩草如茵的清新，听松风动晚窗之神韵。在王府里，初开的芍药在幽静的院落中婀娜舞姿，各房也将其采来插进瓷瓶点缀房间。

藤萝也在此时破蕊。窗前是一架覆盖前檐的藤萝，好像一座绿天棚，芬芳馥郁，香满厅外。王府中的仆人剪下藤萝花去做藤萝饼。自己懒得做时也可将其送到饽饽铺去，请其代做成点心。取回后除了自己食用，还可馈赠亲友尝个鲜。

五月五，是端午

端午节也算女儿节，嫁出去的闺女在这一天也要回娘家休息一天。此时的四合院中还没等姑奶奶回家就已热闹起来。这天的民俗活动许多与夏令有关，包括在院门和堂屋门框上挂艾蒿和菖蒲草，小女孩佩灵符、簪榴花等。小男孩的鼻子、耳朵眼里还得抹雄黄酒，以防春虫侵入。因为进入夏季正是蚊虫滋生的时期，为了家人的身体健康，就得通过这些办法来辟邪驱瘟。

这一天高兴的不光是女人、孩子，而且包括大宅门中的仆人，如倒水的、淘粪的、倒脏土的等。因为主人要多少给他们一些节赏。

这一天的四合院中同样有祭祀活动。只是地点一定要在院内的佛堂、祠堂等处。祭祀的对象既有佛神，也有祖先。供案上摆的东西也是应节当令的东西：粽子、五毒饼、樱桃、黑白桑葚等。这些供品要一直摆到初六早上才能撤去。

端午节来临之际，王府中除了像普通百姓一样欢度之外，最大的景观是各院落的廊子上都开始挂堂帘。堂帘就是大竹帘子，标志着盛夏的来临。不仅王府，皇宫中也是这样。至今还可看到楹间挂上的铁环、门楣上端的小铜滑车等。与此同时，各殿堂的窗户纸也已撕去，换成了窗纱。堂帘上要贴葫芦花剪纸，外廊的柱子上纸老虎贴剪，正门外左放菖蒲，右放艾子盆景，门楣上贴朱砂画的钟馗像。廊下，青年女子们头插石榴花，用五色丝线缠绕粽子，或勒丝成串的小老虎、樱桃、桑葚等小玩意儿。端午节时王府吃的菜肴自然比民间要讲究，主要有虾冻、翡翠鸭、水晶鱼等凉菜，用天然冰冷冻而成，清凉爽口、鲜而不腻。有时，王府还举行端午堂会，演出《白蛇传》等。

农历六月的暑伏之日，依习俗要吃好的，称“贴伏膘”。一来因为进入伏天以后人爱出汗，体力消耗大；二来此时正值时鲜菜肴丰盛之时，正好有条件改善一下饮食。

暑伏之日自然不宜再在屋里吃饭，于是人们纷纷把饭桌摆在院里的背阴地儿。至于大户人家，此时已然在院中搭起了凉棚，在哪吃饭都凉快。

开饭之际，吃饭的地方宽绰了许多，凉风从四下吹来，清爽宜人，纵然喝两盅也不觉得热。倘若再有三五知己共饮，那可更该念佛喽。

贴伏膘的饭食只是比平时略微有些改善。比如烙饼卷鸡蛋，吃碗打卤面、炸酱面或羊肉面等。至于富贵人家，平时就吃得这么好，此时再吃，无非是应个景而已。

六月六，晒谷秀

“六月六，乐呵呵，上下全吃煮饽饽。”这两句打油诗说的是进入农历六月，王府里吃饺子（又称“饽饽”）的习俗。

六月里已开始数伏，民间的“头伏饺子”的说法在王府中也是一样，所不同的是，平时府里的仆人均自备饭食，唯独头伏这天，由府里统一发给银两，购买面、肉、菜等，在各处自己包饺子。这天上午，府中剁肉之声此起彼伏，各院落中都是吃饺子的上下人等，好不热闹。

六月二十四是关圣帝君寿诞，王府里要举行隆重的祭祀活动。完事后“少牢”（即全猪、全羊）分给各处各行，上下一起分食。由此，更是“六月六，乐呵呵”了。同一天，在睿王府还要欢度“荷花生日”。

七月七，七夕节

进入七月，溽暑渐退，银汉澄清，正是卧看牵牛会织女的日子。

七月七日这天晚上，四合院中的人家大多有女儿拜银河的仪式。完事以后，老人会再给她们每人一根绣针、一条线，让她们进行穿针引线的比赛，以考验谁的心灵手巧，善做女红。这就叫乞巧。

“七夕”佳节在皇宫中也受到重视。凡是宫中未出阁的小儿女，不分尊卑，都要参加。前一天，就要准备一个瓷缸，盛上清水，把缸放在院子里，意思是承接夜晚降下来的露水。这种露水美其名曰“乾坤水”。“七夕”之夜，等到新月初升，星斗齐兴之际，各人都捡些细小的松针，围在瓷缸前面“乞巧”，又叫掷花针。看看松针掷在水里后，映出的影子什么样，借此判断“乞”到“巧”没有，如果水里的影子纤细清楚，就表明天神赐福传给灵巧。

“乞巧”结束后还要祭仙（“仙”就是仙女，织女）。地点安排在御花园中的堆秀山上，不仅要有时鲜瓜果作为供品，还要摆上妃嫔宫娥们缝制的衣饰用品，而且这些都是以牛郎和织女为主题，如牛郎戴的斗笠、织女手中的云帚等。这等于举办了一次女红手工的比赛大会，向仙女作汇报。

这天之后过一礼拜，就到了上元节。老北京人又叫它“考亲节”，因为这一天有佛教的盂兰盆会，以百味五果供养佛僧，以得来的福报答父母的养育之恩。这一天的主要活动，是在北海、什刹海等水面上搞法会，烧法船，家中的项目就是陪着祖先吃顿煮饽饽（饺子）。只是这天的饺子是素馅。

当外出观香烧法船的人们先后回来以后，可见寂静的院落里飞动着闪光的流萤，听见蟋蟀的鸣叫，闻着茉莉的清香。不过，此日的茉莉花要连根拔去，因为老北京人视其为“鬼花”。

中元节，中国人的孝亲节

七月十五中元节之际，正值金风送爽、玉露迎凉。入夜，晴空星河灿烂，地上灯火荧荧。王府中在正殿庭院中往往增设鲜荷若干盆，蒿子灯十数座。这是在拇指粗的大青蒿上缚线香数百，夜色中点点光亮有如火树。盆莲与蒿子灯之间是各种形状的莲

燃烧的法船

清代北京内城最大的中元节活动——什刹海烧法船

花灯，有人仙、凤凰、麋鹿等。两厢的配殿屋檐下也挂满了各式花篮灯。女眷们边嗑鸡头米，边赏莲花灯，诸灯齐明，凉风送爽，令人陶醉，这个本来是祭奠亡人的节日，却成了王府中赏灯的佳期。

这一天最高兴的还是孩子，无论有钱的、没钱的，都可以好歹点上一盏荷灯（当然灯的价格、质地相差很大），高举着在院落间奔跑。

中秋节，拜兔儿爷

八月十五的中秋节，是一年中和春节、端午并列的第三大节。这天夜晚，明亮的月光洒在京城的大大小小的四合院中，各个家庭不约而同地在院里摆起了盛宴，一家人围坐在一起共享团圆的乐趣。

秋天是收获的季节，中秋之夜的团圆宴也就更显丰盛。富足之家可以摆上山珍海味、佳肴珍馐；小康之家也不乏鸡鸭鱼肉、鲜虾肥蟹。就连穷苦人家也将割上几斤肉，炒上几个菜，再打上几斤老白干酒，图个过节的痛快。

当酒足饭饱之后，四合院中的另一个重要活动——拜月随之开始。这天晚上，四合院的中庭或是大宅门的后花园中，都要设上一个矮桌，后面竖有一张一人多高的月亮马儿。矮桌上供着从饽饽铺中买来的，刻有蟾宫玉兔图案的大月饼作为神位。供品包括月饼中的素品——自来红，以及除梨以外的各种鲜果，如苹果、石榴、葡萄、青柿子等。供桌上最外一层摆着香炉、蜡扦和花瓶。蜡扦下压着敬神钱粮，花瓶内分别插着毛豆枝和鸡冠花。讲究的人家，还要在供桌两侧摆上石榴，夹竹桃等盆花，以烘托气氛。

兔儿爷

卖兔儿爷

兔儿爷

拜月开始之际，先由女家长向神位三叩首，然后由其余女眷一起三叩首。

祭拜过后，紧跟着的是赏月。有花园的人家在花园里，一般人家就在当院，一家人边围坐在桌子周围，也望着空中的明月，边品尝各种应节鲜果。小孩则点上纸灯笼在大人周围追逐嬉戏，直到深夜。

在各处王府中，采买鲜果，出送节礼，支付外债，成了中秋节的重要内容。八月十五之夜拜月时，悬挂的月宫码为一幅工笔重彩画，比民间的木刻年画讲究得多。再有一些不同的，是王府中祭月的供品少不了一个大月饼，这个大月饼有五斤重，放在一个月牙形的木托架子上，月饼上刻着月宫图。祭拜时女眷身着的品级服饰，与民间百姓形成鲜明的对比。

这一天，陪同家中年长的女眷用饭，是王府中的少有情景。因为平时，府中男主人不和女眷同桌吃饭，中秋节之际的团圆饭算作特例。

重阳院儿里摆菊花

按照习俗，重阳节之际应该登高，但王府中却往往并不外出去城外香山、八大处等有山的地方登高，因为王府中的花园往往就有高出地面的土堆（如醇王府）或建在假山上建筑（如恭王府）。于是，重阳节之际，王府中往往在土山顶的建筑（如亭子）内吃烤肉、赏菊，或者吃菊花火锅。

尤其是赏菊，在王府各层院落当中，五色缤纷、千姿百态的各种名菊遍摆其中，黄色的有“御带飘香”“莺乳黄”，白色的有“白牡丹”“银盆菊”，红色的有“状元红”“醉杨妃”，紫色的有“紫霞觞”“老僧衣”“金丝菊”等。盛菊花的花盆也很讲究，既有青花的，也有粉彩的，其形方圆不等，各有其妙。房内各处的石花瓶中也插着菊花，屋内院中都飘散着袭人的清香。

冥阴节，烧包袱

过去，北京民俗中有三大鬼节，一个是清明，一个是中元，还有一个就是十月初一冥阴节。进入十月的北京天渐寒冷，于是人们想到逝去的亲人也该穿棉衣了。所以，人们在这一天除了要去上坟外，还要在自家院中举行“烧包袱”仪式。包袱被视为寄往阴间的钱包、衣包，外形为一大纸口袋，内装冥衣、冥钞。

这天晚上，人们来到院中背风处，把包袱放在地上，并为其供上三碗饼子、一杯清茶。此时的包袱，成为祖宗的象征。此外，还要摆上几盘冷荤、热炒的菜肴。祭祀活动也是由家中长辈主持，先在香炉中插上四炷香，然后跪在地上叩头四次（神三鬼四），然后其他家庭成员接着叩。

十月的北京城，早已寒风凛凛，夜晚尤其难耐。因此祭祀仪式很快就结束了。焚化时，习惯上并不在自家院里，而是拿到院外的路口上。

大如年的冬至

俗话说“冬至大如年”。每年的冬至大约都在农历十一月。虽然此时仍然严寒阴森，可毕竟“数九”开始，隆冬到达极点。此后，就会阳气初萌，春回有望了。

不过，这个比年还重要的节日期间，在民间并没有什么大的活动。而祭天活动则主要是皇帝的事，与百姓无关。

这一天，对四合院中的老北京人最大的影响，就是要吃一顿馄饨。馄饨形犹鸡卵，颇似天地混沌之象，“馄饨”和“混沌”谐音，吃馄饨就意味着打破混沌，开天辟地，取“一元复始”之意。显然，冬至吃馄饨与天象有关，暗含纪念之意。由于馄饨用馅讲究一个“鲜”字，加上出锅时还要配上海米、冬菜、紫菜、米醋、香油，以及熬骨白汤，难怪这天四合院中到处飘荡着惹人的肉香了。

在清朝的王府里，冬至到来的消息是由太监传诵到大大小小的四合院落中的。前一天，太监托着一幅红单帖，上面楷书“明日冬至”字样，挨着院子去告知。由此，福晋、奶奶们才得了此信儿。

冬至这天，王府大小院落中的最大变化，是各式各样“消寒图”的出现。

“消寒图”在清以前已有。王府中流传的“消寒图”有四五种。最常见的是“亭前垂柳珍重待春风”九个字，每字九笔，冬至起每天在一个笔道内填实，九个字填完了，整整八十一天。此外，王府中特有的“消寒图”是“待东春风重染郊亭柳”，也是九个字。其余的还有画梅花，和九个小男孩的工笔画等。后两种有八十一瓣的，往往贴在闺房中。常见的“消寒图”用素绢裱好，冬至时装在一个硬木的屉子中，挂在屋内显眼地方，以便每天涂画。

王府过冬至的另一项大事也是讲究吃馄饨，只不过王府中的馄饨因馅不同而分成不同的等级。猪肉韭菜当然属末等，高级的用烧鸭冬笋，或鸡脯莞豆（洞子货）。吃馄饨时还要配些“时菜”，如鸽蛋、鹿肉、山鸡肉等。

馄饨一般是中午吃，晚上则照例吃火锅，原料主要是羊肉，其次是羊肚、羊肝，号称“涮全羊”。冬至伊始，每逢过“九”时都要吃火锅，但内容各异。如山鸡锅、白肉锅、银鱼锅、紫蟹火锅、鹿锅、黄羊锅、野味锅等。到了九九末一天，吃的是号称“一品锅”的大杂烩，有花菜、鱼翅、海参等。

有的王府还从冬至起，定期举行“消寒雅集”，邀请一些文人墨客（不请官员）逢九相聚，略备果酒小酌，主要是分题拈韵，即席赋诗。聚会的地点，多在府中轩馆等精巧幽静处，规模在十人左右。

四合院中的礼俗休闲活动

谈到四合院中的生活，自然离不开红白喜事及寿庆等礼俗活动。因为，这对每个家庭来说都是大事。对生与死的重视，是中国传统文化的一大特点。婚嫁是新生命开始的标志；“丧”是人生的终结，尤重于“喜”。它们既是古代周礼的传承，也融入了不同的时代内容，成为北京民俗和北京文化的重要内容。

从四合院中的生活的角度介绍上述内容，当然不是活动本身的全篇照搬，更多的是侧重于因活动所带来的，四合院中场景的变化。

婚礼景象

昔日，老北京有个民谣唱道：

大姑娘大，二姑娘二儿，

二姑娘出门子给我个信儿。

凤冠霞帔的新娘子

搭大棚，贴喜字儿，

龙凤围桌红官座儿。

过去，除了有钱人家夏天为遮阳，要在院中搭大棚之外，一般人家有婚丧大事时也要搭大棚，且不论是春夏季。尤其是喜事，不管居住条件如何，大多都在家里举办，届时以便招待亲友。有的本家只在自家居住圈内搭棚设座，有的则要搭个可院大棚，把同院邻居家的住房也罩在里边，合院同欢，更显得热闹。没院子，或院子过小者也能搭大棚，上哪儿搭？上当街，拣院外宽敞的地方搭。

办喜事用的大棚简称“喜棚”，一般在办事的前一两天，由专门的棚铺负责搭建，喜棚搭得很讲究，一般不起脊，为平顶，周围是木制刷红漆的栏杆，栏杆之下围以彩绘挂檐。夏天搭棚，要在棚壁上安通风卷窗，用绳拉卷。冬天搭棚，则要在四周用席围起来，卷窗改为玻璃窗，每面有玻璃十数块到数十块，上绘吉祥图案。棚内有砖砌的火池子，或汽油桶做的炉灶，内有熊熊的炉火，以利取暖。在棚的入口处还搭有避风阁，以防寒风直接进入。

喜棚不仅有平面的，还有立体的。高至两三层，多见于有钱人家气派的大婚礼。方法是将原来的建筑接出一层或两层楼阁，但四面相连，成为环楼，四面皆通，前面还有廊子。廊柱上挂有楹联，上头是彩球等饰物。四面楼阁的具体安排是，北楼为宴会厅，为来客坐席用饭之处；对台的南楼为戏台，迎娶后两日可办堂会，演唱京剧、昆曲、单弦牌子曲等戏曲节目，内容多为喜庆的；西楼、东楼为茶座，四角楼为衣帽间、盥洗处，或厨房、茶炉等。

院内，搭有与房座石台一样高的木台，边缘是红绿栏杆，下挂台裙。台上设官座，是观礼席。院内通往喜房的甬路上不搭台，发轿时观礼台下的甬路两旁成对地站有鼓乐队。喜轿进门后，从响器行列中经过，抬入喜房。

王府内因有宽敞的厅堂轩馆，因此很少搭喜棚。但同普通人家一样，要贴喜字。喜字有单贴与双贴两种形式。怎么区分？娶亲的贴双喜字，嫁女的则为单喜字。喜字一般主要贴在街门上，红纸金喜字，瞧着就喜庆。喜房内的喜字是倒着的，以示“喜”到了。另外，所有的嫁妆上也都贴上用红纸剪的喜字，甚至天地桌上的香炉上也贴。但满族人不兴用双喜字，认为是“奸”字的别写，不礼貌。因此，无论娶聘，一律用单喜字。可到了后来，受中原文化的影响，在这上面也不太较真儿了。

婚礼的一项重要内容是拜天地，这一仪式要设专门的房间，称为礼堂，可并不一定像现在的礼堂那么宽敞。礼堂往往设在北房中间的明间，东边一间当洞房。礼堂中正面设有天地桌，供奉神祇。夹子上夹着一份临时从香蜡铺请来的红灯花纸的口袋，叫“百份”，半装半露着一沓木刻版的彩印神像。还有的供一整幅毛边纸印的“全神码”，亦称“全佛”。神像前供着苹果、桃木弓、柳木箭、马鞍、新秤杆等新人下轿时的礼仪用品。供桌前边正中是当作香炉的木斗，内装小米，外贴红纸双喜字，两旁是一对蜡扦，上插喜烛，下压全份的“敬神钱粮”，并备有两股高香，桌前是大红缎子桌围，下铺大红地毯，锦缎拜垫一对。

喜房内，被银花纸裱得四白落地，窗帘上绣有鸳鸯等图案，炕沿挂着红罗帐，帐前挂起一对红喜字灯，晚间燃起，红色的烛光映衬着红色的床铺、地上的红毯，正所谓“洞房花烛夜”是也。

迎亲队伍

寿庆活动

办生日，也叫办寿，就是家中晚辈给长辈举行的寿庆活动。举办的地点，可以在家里，也可以在外面的饭庄。内容不外乎两项，一是以寿面为主的宴席，二是办堂会，就是演出京戏、地方戏、曲艺等娱乐性节目。

在家里办生日，好处是随意，可以不厌其详地准备，把生日办得红红火火，热热闹闹。为此，营造热闹的环境很重要。像举办婚事一样，办生日时院里也要搭棚，冬天搭暖棚，夏天搭凉棚。所有露在外面的松蒿上都得缠红布。玻璃窗上的图案，最能体现生日特色。为老头办生日，玻璃上是红框、红寿字，四角各有一只寿桃，寿字下面的一点也是桃，称“五桃献寿”。如果给老太太办生日，红框中间为五只彩色蝙蝠，围绕着一个圆“寿”字，谓之“五福捧寿”。棚内设茶座，棚外设火壶茶会。

正房设寿堂，装饰尤其热闹。堂上正中高悬红缎彩绣的“万寿图”“一笔寿”，两旁是寿联。下面为一尊老寿星瓷像，两旁是一副圆形蜡扦，还有寿烛。另有一对梅花鹿形的花筒，用来插花。如给老太太办寿，则为红缎绣的“五福捧寿图”，前边供一尊麻姑，左右各一仙鹤叼莲花蜡扦。其余者还有寿桃、寿面、寿酒若干。此外，还按季节设鲜桃、面鲜和糕点等。蜡扦下压有一份黄钱、元宝、千张，案前为红毡和拜垫。当然，这里说的是富户人家，穷人家办生日，就只能因陋就简，量力而行了。

拜寿时，老寿星高坐寿堂之上，晚辈站在两旁，对前来贺礼者逐一还礼。直系亲属的拜寿仪式，在上午坐席（吃饭）前举行，其他远亲则随到随拜。

办生日的席面如同办喜事，备有“猪八样”“花九件”“海参席”“鸭翅席”“燕翅席”

等。但无论哪一种，都要备有主食——寿面，称“长寿面”，浇头儿为打卤。

办生日的另一项内容是办堂会。请艺人演些戏曲节目，老北京人谓之“玩意儿”，以增加喜庆气氛。堂会因曲种不同，分为京剧、地方戏、皮影戏、全堂八角鼓、什样杂耍、十不闲儿莲花落等。但无论曲种如何，内容都是喜庆、吉利的内容。堂会持续的时间不一，有的从中午坐完席起，至深夜一两点，甚至演到天亮才结束；有的只演半天或一晚上。

堂会结束后，本家老寿星及眷属亲友齐聚寿堂，祭祀福、禄、寿三星和麻姑。

办堂会并不限于办生日，像婴儿洗三、弥月或过百天，都可以办。

灵堂摆设

过去，四合院中死了人，将其打扮停当，装入棺材（称“入殓”）之后，停在哪间屋里还有说法，最老辈的，停柩于北房中厅，这是家族中对亡者的最高礼遇。但这也不一定，如果是暴死于家门之外的，纵然是家长，也无权享此待遇，而只能停于院内东侧。那些姨太太的灵柩也要停在这里，而绝不会放到北房。如果没成家的小孩儿死了，就放在西屋。至于就赁两间屋住的主儿，死者的灵柩就只能停在自家屋的窗根底下了。

老式的正屋，门前常装有风门，两扇风门是活动的；办丧事时要将风门、隔扇统统取下，谓之“打褳架”。干吗这么干？就是为了停灵、吊唁方便。因为灵柩要头顶风门摆放，前头还要摆各种东西，进深窄的根本放不下。尤其按满族习俗，还要在迎门处放一灵床，上铺红寸蟒的床单，上立亡人遗像。

房檐下，是一座素色三门式的灵龛，上有顶子，顶上扎彩球，两边是白布幔帐，左

办丧事时，正房临时改成灵堂，逝者亲属分男女列于灵牌两边，称为守灵

为男孝属跪灵处，右为女孝属跪灵处。

在屋门门槛外边的台阶上，摆有一堂景泰蓝的五供，即香炉、蜡扦、花筒、闷灯（一般的五供不包括闷灯，但办白事的五供包括，俗称“白事五供”）。闷灯前是高脚供碗，共五碗，内装鲜果、糕点、冷荤热炒菜肴等。桌围子是青色或蓝色缎子的。供桌前还有矮桌，上摆小香炉，以便来客吊唁时上香用。

出于对丧事（又叫白事）比对红事更加重视的传统，丧事的内容异常繁杂，包括落炕、易箦、衣殓、倒头、入木、接三、首七、成主、伴宿、发引、下葬、诸祭等十多项，因此，持续的时间较长，且大部分内容都要在四合院中进行。所以，与之相应的布置，也很丰富。

依老礼儿，不光亡人的遗体，就是灵柩，也不能露天放置，要么放在屋里，要么搭棚，叫丧棚，又叫白棚。由于白棚比红棚（喜棚）更讲究，对棚匠的手艺要求更高，能把他们的全套手艺都用上，所以，丧棚又称“全棚”。

在四合院中搭丧棚，可只搭一进院子，也可搭两进甚至三进。这几进院子的棚要搭得不重样。比如说，只搭一进院子的，则搭成古典殿堂的样子，行话叫“平棚起尖子”，也就是起脊的大棚。搭两进院子的大棚时，就搭一座能把前后两个院子都罩上的大棚，连房都罩在里头，又高又大，区别是灵堂院子的棚顶要高些，高的顶为“殿”，低的为“卷”，行话叫“一殿一卷”。如果三个院子都搭棚，就可以搭成“一殿两卷”式的大起脊棚。称“殿”处的棚顶要起脊，还要接兽头，就像真的屋顶似的。“卷”，是卷起的意思。也就是说，棚顶的席子全是活的，能卷起来，尽管这种棚都用数层席泊。包得的丧棚不露杉槁，既实用（不漏雨），又美观，像真的宫殿一样，望之庄严肃穆。

棚顶周围是白色蓝纹的挂檐，棚壁三面上端是玻璃窗，窗柜为蓝色，玻璃上蓝色团形寿字，棚的入口处有隔扇，上绘蓝白两色松鹤、八仙、二十四孝图等。

治丧期间，前来吊唁的亲友很多，需要安排休息、喝茶、用饭的地方。为此，要在其他院落再搭一座或数座祭棚。来宾中有回民或宗教界人士的，用饭还要与汉族分开，安排汉、回、素三种席面。这时，就要求每一种席面都要占一棚，而且要挂上黄、红两色的彩子。

院门外还要横跨街道搭过街棚，两边是过街牌坊。作为点缀，棚里棚外、大门、二门还要彩饰，搭钟、鼓二楼，仿庙宇的格局。门框上悬挂蓝、白两色彩球。灵堂更是装饰的重点，要以蓝、白、黄等素彩绸扎成大型的灵龛，探出五脊六兽花活的抱厦。上面是五佛冠式的顶子，上出五或七个尖。灵棚内还有二起楼子式的经台，作为喇嘛、道士、和尚念经、做道场超度亡灵的地方。有的经台高达两三丈，巍峨壮观。

王府内不搭丧棚，但要给停灵的那个院子搭个木殿，用特制的木质构件，临时搭出一座起脊的“大殿”，当年那家花园的主人那桐去世，曾在家中停灵七七四十九天，木殿极为豪华。

无论搭不搭棚，凡办大规模丧事，灵堂前边都要搭上月台。月台多为正方形，犹如旧式戏台，台上两旁可放四季花盆和灵人等纸活，台的四角有多金绿地的方形柱子，支撑上顶。顶上安有天花板，顶外四沿围以红色栏杆，下有挂檐。月台三面有台阶。院子小的不搭月台，就地铺以木板，用栏杆围上一长方形圈子，正面有门无阶，象征月台。

月台上铺有地毯，正中放白色拜垫，考虑到来宾中人家自己家并没白事，不好让人家跪白垫，所以，白垫上又放一块红毡子。但知道这一层的客人，往往主动掀去红毡子，在白垫上拜。月台两边摆些纸活，每边二至四对，通常是一对金山银山，即在纸糊的尺头桌上再糊个长方形的水仙花盆，内有金银纸糊成的小山子石，上边糊出彩色的飞禽走兽，表示奇珍异宝。另一桌子上糊绸缎衣料，排在一个坡度架子上。讲究的，还糊有文房四宝、文玩古董之类。总之，越讲究的，糊的东西越多，但凡日常生活中有的，全要糊到，直到近世的汽车、洋房。此外，还有祭席、饽饽桌子等。

月台前的甬路直通二门，两边有桌椅，供亲友喝茶、休息。

依治丧礼仪，凡是正正经经办白事，就必须准备酒席，以招待前来吊唁的亲友。办多少天丧事吃多少天，办完后收尾期间还不算。否则，就不算办事。这样一来，连开近两个月的席，就是情理之中了。仅这一项，开销就大了去了。即便下了葬，事儿还没完，直到七七期（就是下葬四十九天以后），也还要为超度亡灵而做佛事。不过，那时就不用搭棚了。

休闲活动

四合院文化的本质在于休闲。它综合体现了老北京人的审美情趣、人格修养、文学艺术、保健养生等多方面的内容。它的最高境界，就是悠然的自我与外在景物的水乳交融。这种自我与外物的融和，不仅娱悦了身心，而且有益于领略精神世界与客观世界的神秘和谐。

悠闲与忙碌缺一不可。而忙中的闲，忙后的闲，才能有张有弛，有滋有味。

休闲是一门艺术，它不仅是消遣，而且是一种享受，一种收获。中国文人的消闲，常伴琴棋书画、美酒音乐，一咏一觞，学书作画，从中陶冶性情。四合院的这种休闲，也由此积淀了北京文化的精华。

四合院里的人们，或刚刚从商海的翻滚中脱身，或刚刚卸去沉重的官职，或作为远方归来的游子，此时最好的选择就是静坐——或廊下，或静室，或池边，或园中。渐渐地，车水马龙的喧嚣成为陈迹，地上的树影斑驳，清爽的凉风徐来，天宇澄澈、心远地偏。人进入静境以后，烦人的蝉噪也会变成悦耳的乐声，令你心旷神怡，仿佛听到的是生命的欢歌。如果是在安静的室内，纵使是在白天，点上一支香烟看着它的青烟袅袅升起，同时品味着杯中的香茗，任内心在自由的山野间驰骋，说不定会有一两个灵感产生，对以往一些计较的东西，也会发出释然的微笑。清代小说《浮生六记》的作者沈复，也有过这种感受："深夜独坐，或启扉以漏月光。至昧爽，但觉天地万物，清气自远而至，此心与相流通，更无窒碍。"

"细雨寒风宜独坐"，司马光的这个见解，已为许多后人所认同。的确，雨天，人们少外出，环境自然安静。而草木经过雨水的冲洗，更加赏心悦目。与此同时，清新的空气也会使人的头脑为之一爽。此时此刻，坐在窗前或檐下，思绪会像不断的雨线一样不断涌现。即使此时什么也不想，只是静下心来坐着，同样也有养生的益处。

如果不闲坐，而是读一些闲书也算是极有趣味的消遣。李清照说过："枕上读书闲处好，门前风景雨来佳。"此时读书，没有明确的功利，随心所欲，拣有趣味的地方翻，兴味自生。何况，闲书不一定无益，此时的阅读，兴许会有特殊的收获。隆冬之夜，严寒和风吼被紧紧地锁在窗外，室内温暖而舒适，火上水壶发出滋滋的声响，此时读书，已成为人生中一种难得的享受。

小说《相片》中描述过这样的情景：

这是座王姓人家的院子。院子中间一个大金鱼缸，几尾小小的金鱼在水草隙里穿游。鱼缸四周摆着几盆夹竹桃。墙根下几竿竹子，竹下开着几丛野茉莉。

进了北屋，揭开竹帘鸦雀无声，这一间似乎是书屋，壁架上堆着满满的书，稀疏地挂几幅字画，西边门上，挂着一幅布帘，施女士又跟着来人轻轻地进去，一眼看见炕上……”

这篇小说的男女主人公都是读书识字的人，丈夫是前清的秀才，做过某衙门的笔帖式，后以教外国人官话为业；妻子系名门闺秀，能做诗，然后将诗绣在扇子或手袋上。正因为这样，他们的家才显得有情趣。如金鱼在小草中穿游的大缸，壁架上堆得满满的书，壁上的字画，尤其是墙根下的几竿竹子，更凸显“宁可食无肉，不可居无竹”的高雅。

老舍先生生前，曾在自家的院子里养了许多花，光菊花一种，就有上百盆。每当写作累了，他就踱出屋来，徜徉于花木之间。这时，小小庭院中的一草一木，虫鸣鸟叫，都能让他感到难得的闲情逸致。南朝文人沈约有一首《休沐寄怀》诗，记述了他家庭院中的佳景，其中有清池、园禽、荷花、翠竹、艾叶、白鸟……景物有动有静，色彩有艳有素，读着，都让人眷恋。其实，纵然没有沈约这样规模的庭院，但只要有这份心情，照样可以在“穷巷无人鸟雀闲，空庭新雨莓苔绿”（唐代诗人刘长卿：《客舍喜郑三见寄》）中享受美感和趣味。

可见，闲庭信步，依然可以从休息中有所收益。院中必须有景，才能引出闲趣，在昔日的北京宣南，许多会馆中都种有紫藤。它那清紫的花朵和嫩绿的叶子，尤其是虬根粗枝，无不令人生发多样的感叹。以至清朝许多在此住的文人，都写出了以紫藤为题材的诗句，像杨松菴、林则徐、魏源等。

许多文人有收藏之癖。大到巨石，小到邮票，其中的新奇和雅趣，实非外行人所知。

许多老北京人的家中都有古玩架子，上面陈列着主人喜爱的收藏品。其中，或三代彝，或汉唐铜镜，或宋瓷明窑，或宋版图书……闲暇时，面对琳琅满目的藏品，或鉴别，或赏玩，或与同好交流，不觉中，时间已迅速地消逝了。鉴赏需要耐性，不急不躁，平心静气，慢慢品味，从中获得体验，肯定早已超出了品味的范围。

忆儿时

女作家林海音定居台湾50多年，可她最著名的作品却不是描写这50年的，而是描写自己儿时在北京生活的中篇小说《城南旧事》。

林海音随父母来北京时不过五六岁，直到29岁时离开。这正是决定她一生性格的关键时期。儿童的心灵犹如一张白纸，孩提时代的生活犹如五彩画笔，给他们的心灵描绘出五彩的图画，留存终身。

《城南旧事》写到林海音初到北京之际，由于人生地不熟，母亲不让她外出。因此，四合院那方形的天地就成为她最初的乐园：

> 这时候雷声更大了，好大的雨点滴落下来，宋妈到院子里收衣服，把小鸡赶到西厢房里。我和妞妞也跟着进来。
>
> 宋妈出去以后，雨立刻下大了。我和妞妞倚着屋门看下雨。雨声那样大，噼噼啪啪地打落在砖地上，地上的雨水越来越多了，院子犄角虽然有一个沟眼，但是也挤不下那么多的雨水。院子的水涨高了，漫过了较低的台阶，水溅到屋门来，溅到我们的裤角上了，我和妞妞看这凶狠的雨水看呆了，眼睛注视着，

一句话也不讲。忽然妈妈在北屋的窗内向我们说话又扬手，话我们听不见，扬手的意思是叫我们不要站在门口被雨溅湿了。我和妞妞便依着妈妈的手势进屋来，关上门，跑到窗前向玻璃外面看。

这段描写十分细腻、深刻，不经此境的人绝难记述。这既表明了作者善于观察的特长，更表明孩提时代的经历在她脑海中印象之清晰。

晚年的林海音，曾将自己的作品整理成文集，其中的一部书名叫《英子的乡恋》，内容大部分都是她的四合院生活。如《想念北平市井风貌》《我的童玩》《在胡同里长大》《我的京味回忆录》《老北京的生活》《旧京风俗百图》《城墙·天桥·四合院儿》等。

同林海音有着相似经历的，还有同为女作家，并被尊称为“世纪祖母”的冰心老人。虽然她同父母到北京时已十几岁，但家里并未马上安排她上学，而是让她和弟弟们一起，在舅舅的辅导下读书。因此，冰心到北京的第一年，基本上是在自家的院中度过的。这是一座大型四合院中的一座跨院，属三合院。院内的正房共三间，有廊子，正房东西各有一间耳房。这五间房修的很讲究：有玻璃后窗，还有隔扇。隔扇上的每一个小木框里都嵌着一幅画或书法作品。除正房外，还有东、西厢房，各三间。正房东侧还有一座小院，是厨房。

冰心家的院子里种满了花儿。她父亲还亲手制作了一架秋千。每天冰心都带着弟弟们在院子里玩耍，除了荡秋千、跳绳，她还带头玩北京儿童最喜欢的游戏：老鹰捉小鸡。院子里的热闹景象还招来了邻院的小伙伴，成群的孩子都喜欢这个有秋千、有花朵的地方，管它叫“谢家大院”。

到了晚上，冰心就帮助弟弟们复习功课，把舅舅白天教他们认的字、背的诗再复习一遍。等到弟弟们认准了、记住了，冰心就开始给他们讲故事。这种现讲现编的讲故事过程，恰好成为她日后走上创作道路的最初“练兵”。

一向以写老北京题材而享誉世界的老舍先生，在他的小说、散文中，四合院几乎成了必不可少的文学环境。然而，老舍却很少介绍他儿时的四合院生活。因为那是一段不堪回首的苦难经历。生他时母亲已是中年，心灵与身体的过多付出，使母亲晕了过去。因此，亲戚中有人认为他是不祥的象征。他还在吃奶之际，就遇上了八国联军。冲进四合院（应说小杂院）抢劫的洋人，为搬开箱子找东西，竟将襁褓中的老舍压在了箱盖底下。到了上学的年龄，家里吃了上顿没下顿的条件，哪有闲钱提供给他？后来，多亏了一位远房亲戚刘大叔，自掏腰包把他送进了学堂。这才有了日后的大作家。

民俗专家常人春先生，自幼生活在旧鼓楼大街的一所大宅门内。他的爷爷是一位著名的士绅，经常参加一些社会上的应酬。于是，幼年的常人春随着爷爷出入各种大宅门，目睹了三四十年代北京中上层社会的宅门中各种各样的活动。如红白喜事，寿庆堂会等。加上他注意观察，多方打听，所以在老北京风俗方面掌握了很多东西。于是，才能在 20 世纪 90 年代初，以一本《老北京的风俗》一炮打响，从此开始了北京民俗的写作与研究。显然，老北京人的社会生活，给了幼年的常人春以深刻的印象和营养。

我自幼生长在四合院的环境当中，而且有些与其他人不同的地方，即从小由奶奶带大。由于奶奶是街道积极分子，要经常参加各种学习、查卫生、查户口、节日值班等活动。这些活动，无不是在进出各种各样的四合院，并不停地在胡同中穿行来完成的。

如今工作和生活环境已发生了很大的变化。可每当夜里做梦，往往还是儿时出入各种四合院查卫生，或者是深更半夜见奶奶和其他街道积极分子，为发生争吵的邻里劝架时的情景。不仅如此，如今的一些喜好、特长，差不多都与儿时的上述经历有关。

每到“十一”“五一”最想去街上看看夜景。因为小时候就是随着奶奶在巡逻过程中出入四合院、大小胡同时，望见彩灯装饰起来的白塔、景山，隔着筒子河望着南岸灯火辉煌的大会堂，以及中南海那岸边的灯光。

这些难忘的经历，使人在四合院这个特殊的课堂里，受到了最初的社会知识教育。这种影响比课本上的更大、更深。

林语堂在他的《辉煌北京》一书中曾经说：人们无论是领略北京那不可名状的魅力，还是体会老北京的精神，都必然基于他日常的积累，以及零碎的认识。他甚至相信，这种魅力和精神具有一种近乎神圣的力量，它不仅因其温和热情的天性“为城市日常生活的运转添加了润滑油”，而且可以将那些喜欢装腔作势、哗众取宠的狡诈政客和暴发户改变过来，显得随和、文明一些。究其原因，环境使然。何为环境？四合院者是也。

“单辈儿我喝儿——蜜！”

这话什么意思？的确，在文字的记载中没见过对它的解释，而知道它的大多是20世纪80年代以前出生的北京人。这是在做游戏前，决定谁先谁后，或分组时采取的一种方法：众儿童围成了圈，在“单辈儿我喝儿——蜜”的叫喊声中，将右手一齐伸出。这时，有手心有手背，倘若谁的手心或手背是唯一的，那他就喝儿蜜了，可以先玩。这里的“喝儿蜜”，是由冬天的吃冻柿子而来，因为化冻的柿子格外甜，像喝蜜一样。

20世纪初，美国人泰勤·何德兰写了一本介绍当时北京儿童生活的书。正如作者所说：“北京儿童的游戏方法和游戏设施，在新颖性和趣味性以及开发智力方面都没有什么特别之处，但这些貌似简单的玩耍嬉戏，对孩子们来说，却是非常重要的！”

的确，这些游戏设计得不够高明，在大人看来甚至有点可笑，可孩子们玩起来却津津有味，乐此不疲，就连这位专门研究北京儿童游戏的美国人也指出："北京孩子的游戏尤其有趣，这是一座迄今为止，还没有被人发现的宝藏。"

被美国学者称誉的这座宝藏，正是生活在老北京四合院中的孩子们创造的。

老北京人最讲究礼仪，同时又充满了豁达、热情的性格，相当聪慧。在这片充满文化底蕴的沃土中生长起来的老北京的孩子们，受其熏陶的成果之一，就是发明了品种丰富、数量繁多的游戏。而一向以宽敞著称的各类四合院（包括大杂院）又为孩子们做游戏提供了天然的场所。除了那些高官、士绅的深宅大院外，就连一些知识分子、商人或政府低层官员家的四合院，大多也都为孩子们开放。此外，院外的胡同中的宽敞地方，也是他们可以利用的地方。加上那时的老师也不给孩子们留太多的作业，下午还时常没课，孩子们那还不敞开了玩！

孩子们玩的游戏中，属于个人玩的少，大多都要两三个人或更多的人玩。这样一来，讲究团结协作，文明礼让就成了一种自学的锻炼。而游戏中也需要一定的智慧，以减少失败的机会。

要说最会玩的，还得属那些虽然淘气，但脑子活、点子多的男孩子。甚至大部分游戏都是男孩子们编出来的。像"跑马城"，就主要是男孩子玩。所有参加的男孩子分成两队，面对面站成两排，同排的孩子都紧紧地拉着手。然后，其中一边有个孩子唱道：

头上插羽毛，
快往城外逃。
人惊马儿叫，
城破门楼焦。

说完，一个孩子用尽全力，向对方手拉手组成的人墙冲击。如果冲过去，他就把被冲破那个地方的两个孩子带回到自己的一方。否则，他就要被留在对方了。接下来由另一个孩子唱，对方也再换一个孩子发起冲击，如此轮流进攻，直到一方被打败。

与那些男孩玩的游戏相反，女孩子们玩的要文静得多。像“赶集”，就是两个小女孩背靠背站着，双臂相互钩在一起，其中一个把背弓起，把另一个背了起来。这样，一边你背我，我背你，一边唱：

你往上来我往下，
萝卜好吃个不大，
背着水壶把集赶，
走到半路往回返。

唱完后，她们又背对背坐下，双臂仍然相互钩在一起，然后一问一答地唱道：

天上有什么？
天上有月亮。
地上有什么？
地上有口井。
井里有什么？
井里有青蛙。

青蛙怎么叫？

呱——！呱——！

然后，她们就站起来，但由于她们的双臂相互钩着，很难站起来。结果，她们在地上滚成了一团。

女孩子玩的游戏，一般需要的参加者并不多，且不需要宽大的场地。这在对女孩要求严格的旧社会，使她们纵然不出自家院子，也能获得乐趣。当然，女孩子玩的最多的，还是跳猴皮筋和拽包儿，直到如今，还被一代又一代女孩子玩着。当年，何德兰曾在住家周围对北京地区的儿童游戏做过一些调查，几乎没费什么劲就收集到了七十多种。其实，这也仅仅是北京的孩子们做的游戏的一小部分。这些几乎不用花一分钱就可以进行的游戏，曾经给多少孩子带来欢乐，以至于他们到了满头白发时，回忆起来还能感到兴奋。